CONEXÕES E EDUCAÇÃO MATEMÁTICA

Brincadeiras, explorações e ações

Ruy Madsen Barbosa

CONEXÕES E EDUCAÇÃO MATEMÁTICA
Brincadeiras, explorações e ações

Série
O professor de matemática em ação

autêntica

Copyright © 2009 Ruy Madsen Barbosa

PROJETO GRÁFICO DE CAPA E MIOLO
Diogo Droschi

EDITORAÇÃO ELETRÔNICA
Christiane Silva Costa

REVISÃO
Cecilia Martins

Revisado conforme o Novo Acordo Ortográfico.

Todos os direitos reservados pela Autêntica Editora.
Nenhuma parte desta publicação poderá ser reproduzida,
seja por meios mecânicos, eletrônicos, seja via cópia
xerográfica, sem a autorização prévia da Editora.

AUTÊNTICA EDITORA LTDA.
Rua Aimorés, 981, 8º andar . Funcionários
30140-071 . Belo Horizonte . MG
Tel: (55 31) 3222 68 19
Televendas: 0800 283 13 22
www.autenticaeditora.com.br

Dados Internacionais de Catalogação na Publicação (CIP)
(Câmara Brasileira do Livro, SP, Brasil)

Barbosa, Ruy Madsen
   Conexões e educação matemática : brincadeiras, explorações e
ações / Ruy Masen Barbosa. – Belo Horizonte : Autêntica Editora, 2009.
– (O professor de matemática em ação ; v. 1)

   Bibliografia.
   ISBN 978-85-7526-356-3

1. Jogos educativos 2. Raciocínios lógicos 3. Matemática (Atividades educacionais) 4. Materiais pedagógicos I. Título. II. Série.

08-08618   CDD-510.7

Índices para catálogo sistemático:
1. Educação matemática 510.7

SUMÁRIO

APRESENTAÇÃO   7

PRIMEIRA PARTE - Descobrindo a lógica   9

    Capítulo 1 - Raciocinando com lógica   11

    Capítulo 2 - Enigmas de lógica proposicional   21

SEGUNDA PARTE - Coloração   31

    Capítulo 3 - Coloração de polígonos regulares e outros polígonos   33

    Capítulo 4 - Coloração de cubos e outros poliedros   47

    Capítulo 5 - Construindo cubos e paralelepípedos com cubos coloridos   57

TERCEIRA PARTE - Brincando e aprendendo com algarismos e números   67

    Capítulo 6 - Algarismania   69

    Capítulo 7 - Obtendo 1000, 100, 99, 1, etc.!   85

    Capítulo 8 - Somas e produtos com números iguais –   93
              Problema de Kordemsky

    Capítulo 9 - Recuperando operações – criptoaritmia   97

    Capítulo 10 - Descobrindo passo a passo   105

QUARTA PARTE - Miscelânia   115

    Capítulo 11 - Divisão de figuras em partes iguais   117

    Capítulo 12 - Redes de pontos   127

    Capítulo 13 - Isolamentos   141

REFERÊNCIAS   157

APRESENTAÇÃO

A matemática é vista por muitos alunos escolares como um conteúdo pronto, acabado e incontestável. Fazer matemática para esses alunos é o mesmo que resolver listas de exercícios e aplicar fórmulas, muitas delas sem nenhum sentido. O professor Ruy Madsen Barbosa vai, neste livro na "contramão" dessa visão, propondo situações em que se possa brincar com a matemática de forma séria, observando regularidades, registrando processos e resultados e matematizando situações, mas sem perder a ludicidade e o prazer em aprender matemática.

Nesse primeiro volume, intitulado *Conexões e educação matemática: brincadeiras, explorações e ações*, o autor nos convida a brincar com atividades de forma a nos envolvermos com reflexões e investigações, produzindo matemática. As situações-problema, atividades, explorações e investigações propostas neste livro, buscam colocar professores e alunos em ação, no movimento do pensamento genuinamente matemático. O livro está dividido em quatro partes, que foram organizadas didaticamente para que cada uma delas subsidiae as partes seguintes, não no sentido do conteúdo explicitamente proposto, mas dos processos de pensamento matemático envolvidos em cada uma delas.

Na primeira parte, denominada **Descobrindo a lógica**, o autor inicia com frases, questões e aspectos sobre lógica que permeiam o senso comum, muitos deles bastante engraçados e que evidenciam a escassez de um raciocínio lógico presente nos discursos das pessoas. Trata da lógica matemática formal, com suas formas particulares de registro e propriedades, mostrando as contribuições do pensamento lógico matemático para realizar ações como: classificar, agrupar e identificar semelhanças e diferenças. Decifrar enigmas e encontrar "pistas" na resolução de algumas atividades lógicas possibilita melhorar a comunicação em matemática e desenvolve o raciocínio dedutivo.

Na segunda parte, **Coloração**, evidencia-se a possibilidade de produzir matemática a partir de uma brincadeira de coloração de polígonos e poliedros. Dessa forma, brincando de colorir partes de polígonos, faces de poliedros e construindo paralelepípedos e cubos com cubos coloridos, alunos e professores exploram as diferentes maneiras de coloração. A cada atividade realizada novos problemas são postos.

Na parte intitulada **Brincando e aprendendo com algarismos e números**, o autor retoma as brincadeiras com algarismos que se repetem (4 quatros, 8 oitos, 6 seis, etc.) e as analisa matematicamente. Explora, ainda, as variações das operações para obter resultados interessantes, como 1.000, 100 e 1 e as atividades de advinha em criptoaritmias. O interessante dessas atividades é que elas invertem a ordem das expressões numéricas convencionalmente trabalhadas no ensino fundamental; ou seja, os números a serem operados são conhecidos e os resultados também, o que se tem de pensar é qual(is) operação(ções) são necessárias para se obter o resultado desejado. Como o próprio autor caracteriza: são atividades recreativas geradoras de conhecimento.

A quarta e última parte é denominada **Miscelânia**. Como o próprio nome sugere, são atividades diversificadas que envolvem a divisão de figuras em partes iguais, reconhecimento de padrões com palitos, atividades com poliminós, divisão de figuras padrão modelo, trabalho com redes de pontos (geoplano quadrangular, isométrico e circular) e jogos de isolamento que possibilitam trabalhar com a árvore de possibilidades e o pensamento combinatório, conteúdo do ensino médio temido por muitos alunos.

Acredito que o diferencial desta obra é justamente o fato de que, também para o professor, as atividades aqui propostas não são convencionais, o que possibilita que o trabalho de investigação matemática seja compartilhado entre professores e alunos. Dessa forma, o professor de matemática se coloca em ação, duplamente: em uma ação relacionada à sua prática pedagógica e em outra que diz respeito ao envolvimento nas atividades matemáticas aqui propostas.

Regina Célia Grando
Docente do Programa de Mestrado em Educação
Universidade São Francisco – Itatiba – SP

PRIMEIRA PARTE

DESCOBRINDO A LÓGICA

> Ouço e esqueço.
> Vejo e lembro.
> Faço e entendo.

Esta Primeira Parte consta de dois capítulos:
O primeiro introdutório, e o segundo sobre enigmas lógicos.
Mas, antes, julgamos que seria interessante arejar as mentes
DIVERTINDO-SE LOGICAMENTE

Inicie lendo com atenção, pense a respeito; e então é possível que sorria.
É o nosso desejo!

1. Aviso no jardim público por ordem de um prefeito ecologista:

> **É PROIBIDO PISAR NA GRAMA**
> **Quem não souber ler pergunte ao guarda**

2. Aviso aos alunos, fixado no quadro, por um diretor pedagógico:

> **POR FAVOR**
> **Ignore este aviso**

3. *Post-scriptum* de carta de um país a outro em língua do remetente:

> **P.S.: Caso não souberes minha língua, peça**
> **a um tradutor para lê-la na língua de seu país,**
> **então entenderás tudo o que te informei.**

4. Anotações após calorosa sessão de uma câmara de vereadores.

> 1. Fica aprovada a construção de nova estação rodoviária.
> 2. Fica aprovado que a nova estação será construída com os materiais da velha.
> 3. Fica aprovado que a antiga continuará funcionando até que a nova esteja pronta.

5. Resposta de um diretor de clube de futebol a uma indagação sobre a conservação do gramado:

> Nosso gramado é bonito e tem um verde brilhante, pois nele não se pode pisar, nem mesmo os jogadores!

CAPÍTULO 1
RACIOCINANDO COM LÓGICA

A – AVISOS AUTORREFERENTES

Aviso 1

Situação: No corredor de uma escola está fixado o seguinte aviso:

> Prezados alunos:
> Neste aviso estão quatro afirmações falsas.
> $6 + 2 = 8$, $24 : 4 = 6$,
> $0^7 + 7^0 = 0$, $0 : 9 = 0$,
> $15 - 11 = 3$, $7 \times 8 = 63$

Problema: O aviso está ou correto ou incorreto?

Raciocinando: Temos seis afirmações de simples cálculo; dessas, três cálculos não estão corretos: o segundo (a resposta é 1), o terceiro (o correto é 4) e o sexto (a resposta correta é 56); mas, são apenas três, e não quatro. Que tal refazermos os cálculos? É... os outros têm respostas certas. Pensemos um pouco. Ora, se temos três cálculos errados então a proposição anterior é falsa, pois diz que "existem quatro afirmações falsas"; portanto, se ela é falsa, o aviso tem quatro falsas e pode ser considerado correto.

NOTA: É usual chamar essa situação de autorreferente, pois se refere a si própria; não é um paradoxo, mas é paradoxal.

Aviso 2

Situação: É dado o aviso:

> Este aviso tem seis palavras.

Um estudante de matemática contou cinco palavras e julgou-o falso; então raciocinou: "Se nego algo falso, fica verdadeiro". E para negar uma proposição simples, bastaria negar o verbo, então ele reescreveu o aviso, que agora deveria ser verdadeiro.

> **Este aviso não tem seis palavras.**

Mas contou de novo as palavras do aviso: havia seis; então o aviso, outra vez, era falso. Novamente negou-o, já que era falso, para transformá-lo em verdadeiro; agora deveria negar uma negação e, portanto, teria uma afirmação. Ora, para negar uma proposição na qual há uma negação do verbo bastaria retirar a negação existente. O aviso voltou a ser o primeiro aviso, porém agora era verdadeiro, mas... não era, já que tinha só cinco palavras.

Problema: Estudar a situação paradoxal e, caso sua "cuca" não tenha esquentado demais nem estourado, continuar o raciocínio.

NOTA: Esta situação é outra de aviso autorreferente, mas apresenta circularidade, vai e volta assumindo valores V (verdadeiro) e F (falso), sucessivamente; o chamamos de autorreferente circular.

Aviso 3

Situação: Num cartão colocou-se, em cada face, um aviso:

> **A afirmação do outro lado deste cartão é *falsa*.**

> **A afirmação do outro lado deste cartão é *verdadeira*.**

Problema: Estudar o cartão (autorreferente); iniciar considerando verdadeira a face da frente. Depois, considerá-la falsa.

B – VIRANDO CARTÕES FRENTE-VERSO

Situação 1

Os cartões a seguir têm, cada um, hachuras numa face e número na outra.

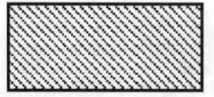 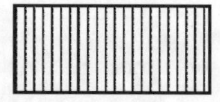 

Um menino disse: "Atrás de face com hachuras inclinadas existe um número ímpar". Em relação à fala do menino foram ditas três afirmações para verificar se ela é correta:

Afirmação 1: É necessário virar todos.

Afirmação 2: É suficiente virar dois.

Afirmação 3: É suficiente virar um.

Problema: Qual das afirmações é verdadeira?

Resolução: O cartão 1 precisa ser virado; se o número for par já garante que a fala do menino é falsa. O segundo não precisa ser virado, pois nada foi dito sobre as hachuras verticais. O terceiro também precisa ser virado, pois se atrás existirem hachuras inclinadas a frase do menino é incorreta.

Conclusão: A afirmação 2 é a verdadeira.

Situação 2

Cada um dos cinco cartões dados a seguir possuem numa face um número e na outra face uma figura geométrica.

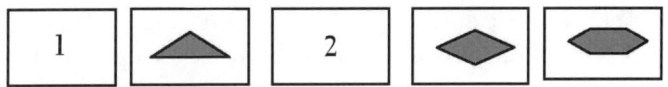

Um aluno disse: "Atrás de um número par tem sempre um triângulo".

Afirmações para se verificar se o aluno disse uma verdade:

Afirmação 1: É suficiente virar o segundo e o terceiro cartões.

Afirmação 2: É suficiente virar os três últimos cartões.

Afirmação 3: É preciso virar todos os cartões.

Problema: Qual afirmação é verdadeira?

Sugestão: Empregar procedimento análogo ao anterior.

NOTA: Situação modificada de proposta em vestibular da UnB.

Situação 3

Os quatro cartões dados a seguir têm, cada um, um número numa face e uma letra na outra.

Disse um aluno: "Cartões com vogal têm na outra face número par".

| E | F | 6 | 7 |

Problema: Qual afirmação é verdadeira para verificar se o aluno disse uma verdade?

Afirmação 1: É necessário virar todos os cartões.
Afirmação 2: É suficiente virar os dois primeiros cartões.
Afirmação 3: É suficiente virar os dois últimos cartões.
Afirmação 4: É suficiente virar os dois cartões do meio.
Afirmação 5: É suficiente virar o primeiro e o último.

NOTA: A questão é idêntica a uma proposta em exame da FUVEST.

C - FAMÍLIAS LÓGICAS DE FIGURAS

Introdução

Em cada situação são dadas famílias (ou classes) de figuras, bastante parecidas, em quadros. Mas apresentam alguns elementos que as distinguem, *que as caracterizam*. As atividades constam, numa primeira fase, da análise visual das famílias, com o objetivo de descobrir suas características. A segunda, em geral um pouco mais difícil, é reservada para a prática da redação das características observadas na primeira fase, tendo por objetivo o aprendizado do emprego correto da língua portuguesa para atender à precisão matemática. Na terceira fase deve-se aplicar a descoberta numa lista de novas figuras, dadas arbitrariamente, misturadas as famílias, indicando as de um dos tipos solicitado.

Objetivando motivar os educandos, nos quadros, são dadas denominações especiais às figuras com característica comum

Atividade 1: BAS e BES

Situação: Dispõe-se de famílias de figuras chamadas *Bas* e *Bes*.

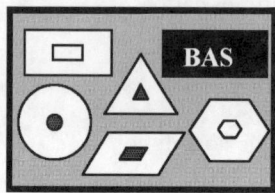 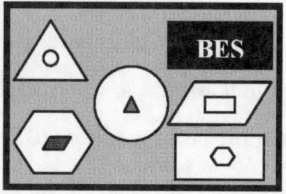

Atividade: Pede-se

a) Descobrir as características de cada família que as distingam.

b) Redigir a característica de cada família.

c) Dadas cinco figuras das duas famílias, quais são *Bes*?

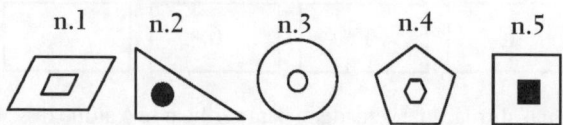

a) Descobrindo as diferenças: observando as figuras das duas famílias verifica-se que ambas possuem figuras menores no seu interior, e essas figurinhas são, em ambas, pretas ou brancas; porém, as internas às *Bas* são do mesmo tipo que as respectivas figuras dos contornos, e aquelas das *Bes* possuem contornos diferentes.

b) As *Bas* são caracterizadas por possuírem contorno do mesmo tipo da figura geométrica interior; o que as distingue das *Bes*, que têm seu contorno de tipo diferente.

NOTA: O professor pode aproveitar para introduzir algum conceito das espécies de figuras geométricas: retângulo e quadrado, circunferência, triângulo, paralelogramo, polígonos de 3, 4, 5 e 6 lados. Ou então, se for o caso, para fixar conceitos.

c) Indicação das *Bes*: n. 2 e n. 4

Atividade 2: *BESONAS* e *BESINHAS*
Situação:

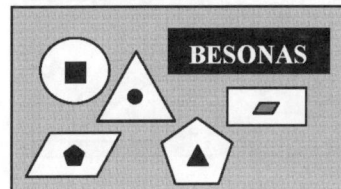 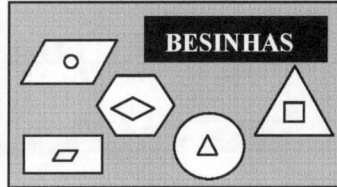

Atividade:
a) Descobrir as diferenças;
b) Redigir as características.
c) Indicar as *Besinhas* da lista seguinte:

Atividade 3: *DIFES* e *IGUIS*
Situação:

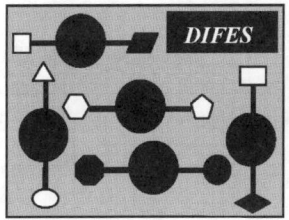 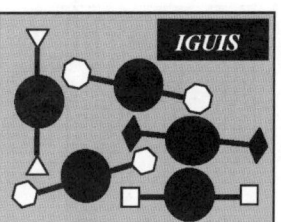

Atividade:

a) Descobrir as diferenças.

b) Dar as características de cada família.

c) Quais da lista são *Iguis*?

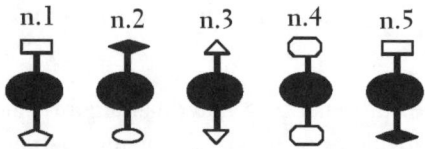

Atividade 4: *SIMES* e *ASIMES*

Situação:

Atividade:

a) Descobrir as diferenças.

b) Redigir as características das famílias.

c) Quais da lista são *Simes*?

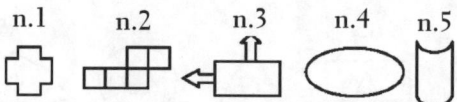

Atividade 5: *ROTES* e *ROTFLEXIS*

Situação:

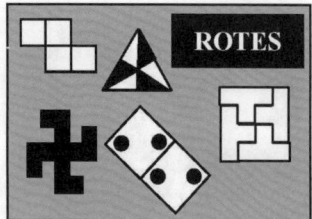
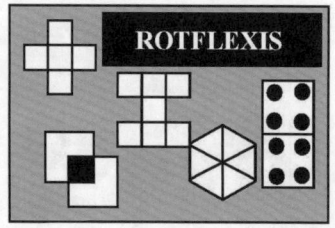

Atividade:
a) Descobrir as diferenças.
b) Redigir as características.
c) Quais da lista são *Rotes*?

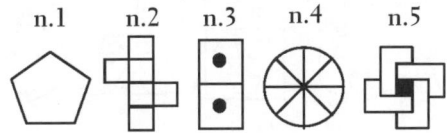

Atividade 6: *TRICIRES* e *BICIRES*
Situação:

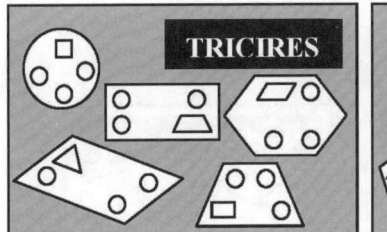 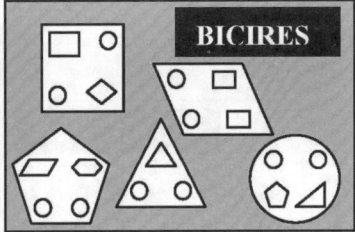

Atividade:
a) Descobrir as diferenças.
b) Redigir as características.
c) Quais da lista são bicires?

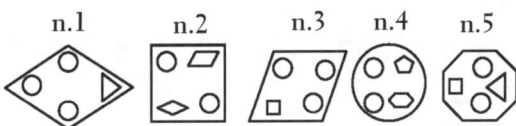

Atividade 7: *TRITÕES* e *BITÕES*
Situação:

 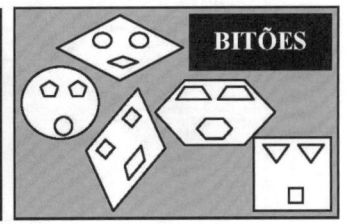

Atividade:

a) Descobrir as diferenças.

b) Redigir as características das famílias.

c) Quais da lista são *Tritões*?

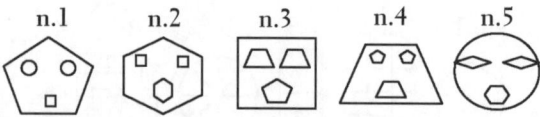

Atividade 8: *TRIANQUADES* e *NÃO-TRIANQUADES*

Esta atividade está baseada numa pesquisa experimental com o mesmo nome descrita em Lindquist e Shulte (1994, p. 280-283). Cumpre-nos ressaltar que esse texto, como as famílias dos "Widgets" e dos "Zoids", da p. 88, e dos "Brewsters", da p. 128, de Serra (1997), cremos, constituíram a fonte de inspiração para esta unidade.

Situação:

Atividade:

a) Descobrir as diferenças.

b) Redigir as características.

c) Quais da lista são *Trianquades*?

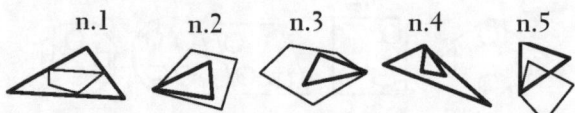

Atividade especial:

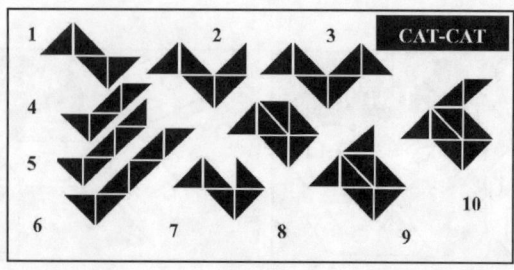

Regra de construção: As figuras são sucessivamente construídas com triângulos, conectando o novo triângulo com o anterior imediato de tal forma que os consecutivos tenham um lado em comum.

Esclarecimento: No primeiro quadro, dos *Cat-cat*, as figuras 2 e 3 foram obtidas da 1, e esta, por sua vez, obteve-se com a mesma regra de outra figura. Da mesma maneira, a 5 e 6 foram obtidas da 4; as figuras 7, 8, 9 e 10 foram também obtidas a partir da figura 1. Quanto às figuras do segundo quadro, cada uma também foi construída, respeitando a regra, a partir de alguma outra figura.

Atividade:

a) Descobrir as diferenças.

b) Redigir as características das famílias.

c) Quais da lista são *Cat-cat*?

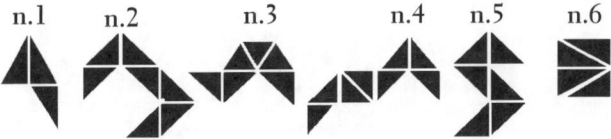

Comentário: O leitor deve ter inferido que atividades com famílias de figuras, além das vantagens inerentes, preparam o aluno para uma aprendizagem com significado de classes usuais de figuras planas da geometria euclidiana. Podem até serem empregadas atividades análogas com quadros de duas ou mais classes.

A seguir oferecemos três ilustrações.

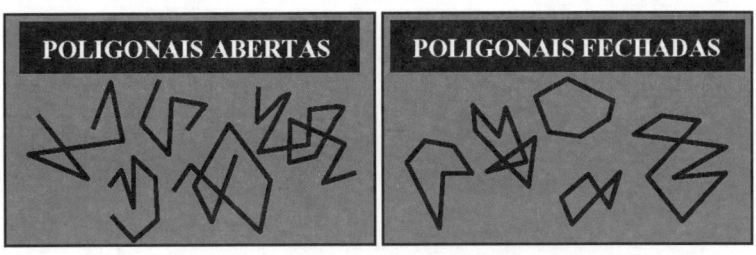

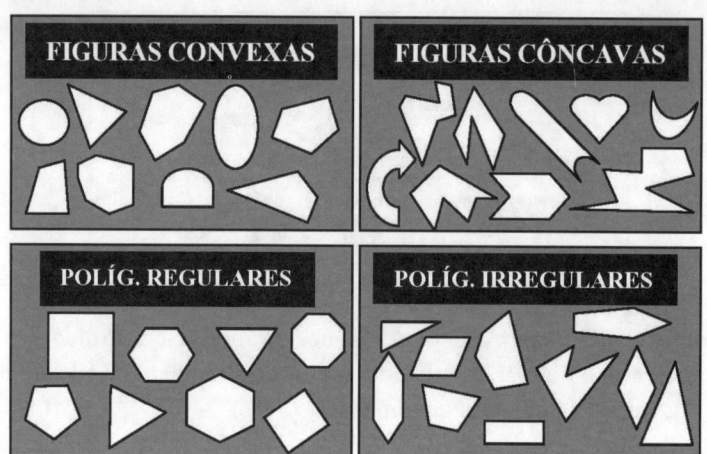

Respostas das famílias lógicas:

At. 2: n. 1, n. 2 e n. 5   At. 3: n. 3 e n. 4   At. 4: n. 1, n. 4 e n. 5

At. 5: n. 2 e n. 5   At. 6: n. 2, n. 4 e n. 5   At. 7: n. 1, n. 3 e n. 5

At. 8: n. 2 e n. 5

At. especial: *Cat-cat* são sucessões de triângulos retângulos isósceles conectados cateto com cateto; n. 2 e n. 5.

CAPÍTULO 2
ENIGMAS DE LÓGICA PROPOSICIONAL

> Toda regra tem exceção.
> Esta é uma regra. Segue que ela tem exceção.
> Portanto, existe regra sem exceção!

Introdução

Este capítulo é dedicado ao estudo de alguns enigmas decorrentes de situações-problemas de lógica proposicional com seus conectivos, agrupados em quatro séries, num total de 16 enigmas. O seu emprego necessita apenas alguns conhecimentos e informações sobre proposições simples e compostas, os quais o leitor logo detectará.

Aconselhamos não abusar quantitativamente deles em aula; é preferível estudar poucos pelo método de resolução de problemas, para que os alunos aprendam de maneira segura as diferentes formas de conectivos usuais em matemática. O seu uso exagerado poderá afastar o educando da motivação.

Por si só, o estudo de enigmas produzirá grande desenvolvimento do raciocínio, e vários deles fixarão que é necessária a *completabilidade* da análise dos casos, tão importante em matemática.

Abordaremos nos enigmas a conjunção "... e ..." (verdadeira só no caso de ambas proposições serem verdadeiras), a *disjunção inclusiva* "... ou ...." (falsa só no caso de ambas serem falsas), a *disjunção exclusiva* "ou ... ou ..." (verdadeira só no caso de uma única componente ser verdadeira) e a *condicional* "se ... então ..." (falsa só no caso de a primeira ser verdadeira e a segunda falsa). Aliás, são aquelas básicas para os teoremas ou propriedades da matemática. Escolhemos como recurso para as resoluções o emprego de tabelas-verdades.

O interessado poderá consultar, por exemplo, os seguintes livros nacionais:

Fundamentos de Matemática Elementar (BARBOSA, 1974): trata das proposições e dos conectivos; estudo da veracidade ou falsidade de proposições compostas; conjuntos: elementos, operações e propriedades; quantificadores; silogismos: diagramas de Euler, de Venn e de Caroll; teorema, prova e credibilidade, corolário e lema; teoremas aparentados; condição suficiente e condição necessária; indução; conjecturas; extensões, generalizações, especializações e analogias; paradoxos; sistemas matemáticos.

Introdução à Lógica Elementar (CASTRUCCI, 1973): trata do cálculo proposicional: proposições, conectivos, tabelas-verdade, equivalência e implicação, fórmulas normais conjuntivas e disjuntivas, álgebra dos interruptores, lógica trivalente;

validade de argumento; demonstração indireta; noções de axiomatização do cálculo proposicional.

Lógica e linguagem cotidiana – verdade, coerência, comunicação e argumentação (Machado; Cunha, 2005): Trata, no cap. 1, da Lógica, da língua e da matemática; no cap II, da forma sem conteúdo e de noções de lógica formal; no cap. III, de forma e o conteúdo: a lógica na linguagem cotidiana (nesse capítulo o leitor encontrará piadas como argumentos); no cap IV, de lógica, lógicas e uma visão panorâmica. Ao final há uma bibliografia comentada.

Recomendamos também leituras em *Senso crítico* (Carraher, 2003).

SÉRIE I: NOTAS DE ALUNOS

Enigma 1: A NOTA ZERO

Situação: Numa sala de aula, durante uma avaliação, uma "cola" foi derrubada no chão próxima de três alunos, A, B e C. Ela certamente pertencia a só um deles. O professor fez uma indagação, e as respostas foram as seguintes:

A: A "cola" é minha.

B: Não fui eu que "colei".

C: A "cola" não é de A.

Descobriu-se que só um disse a verdade.

Enigma: Quem merecia nota zero ou pelo menos ser orientado?

Resolução: Na tabela seguinte indicamos os três casos possíveis.

	Caso 1	Caso 2	Caso 3
Aluno A	V	M	M
Aluno B	M	V	M
Aluno C	M	M	V

Examinemos cada caso:

Caso 1: Se B mentiu, então ele teria colado; o que está em *contradição* com a verdade de A. Concluímos que este caso não pode ter ocorrido.

Caso 2: Se A mentiu, então a cola não é dele; o que está em *contradição* com a mentira de C. Também este caso não pode ter acontecido.

Caso 3: C falou uma verdade; portanto, está de *acordo* com a mentira de A. Por outro lado, B mentiu, então ele colou.

Conclusão: B colou.

Nota: As resoluções e respectivas soluções dos enigmas seguintes não resolvidos podem ser encontradas no fim do capítulo; contudo, recomendamos tentar resolvê-los preliminarmente.

Enigma 2: A NOTA 10

Situação: O pai de três meninos, A, B e C, soube que só um deles recebeu 10 na escola.

Bastante orgulhoso, perguntou-lhes quem foi. Porém, o mais velho (A), e também o mais forte, obrigou os outros dois a confirmarem de alguma forma o que diria. De fato isto aconteceu, pois as respostas foram as seguintes:

A: Eu obtive 10.

B: A alcançou 10.

C: Eu não consegui 10.

O pai soube mais tarde que só um deles disse a verdade.

Enigma: Como o pai pode descobrir qual deles obteve 10 para elogiá-lo ou premiá-lo.

SÉRIE II: PARIDADE

Enigma 3

Situação: Considerar dois números naturais x e y. Sobre eles temos as afirmações:

Afirmação A: X é ímpar e y é ímpar.

Afirmação B: Y não é ímpar.

Sabemos que os jovens são muito amigos, então ou ambos dizem verdades ou ambos dizem mentiras.

Enigma: Descobrir a paridade de x e de y.

Enigma 4

O leitor interessado encontrará em Barbosa (2005, p. 16) um enigma bastante análogo.

Enigma 5

Situação: Considerar dois números x e y.

Sobre eles temos três afirmações:

Afirmação 1: Se o número x é par então o número y é par.

Afirmação 2: A Afirmação 1 é verdadeira.

Afirmação 3: O número x é par.

Sabe-se que só uma das afirmações é verdadeira.

Enigma: Qual a paridade de x e qual a de y?

Enigma 6

Situação: Temos novamente dois números x e y, e as mesmas afirmações; porém agora sabemos que só uma das afirmações é falsa.

Enigma: Qual a paridade de x e qual a de y?

Resolução: Tabela Afirmações X Casos.

	Caso 1	Caso 2	Caso 3
Afirmação 1	F	V	V
Afirmação 2	V	F	V
Afirmação 3	V	V	F

Caso FVV e caso VFV: O leitor observará que nestes dois casos temos contradição com os próprios casos.

Caso VVF: Sendo F a afirmação 3, segue que *x é ímpar*. Sendo V a afirmação 2, temos que a afirmação 1 também é V em concordância com o caso. E por ser da forma condicional temos três subcasos:

Subcaso VV: Sendo V a primeira componente, devemos ter *x é par*, em contradição com a conclusão inicial.

Subcaso FV: Sendo F a primeira componente, devemos ter *x é ímpar*, conforme a conclusão inicial; e sendo V a segunda componente, teremos que *y é par*.

Subcaso FF: Analogamente se descobrirá que *x é impar*, mas teremos *y ímpar* (sem qualquer contradição).

Conclusão: Temos duas soluções

Solução 1: x é ímpar e y é par.

Solução 2: x é ímpar e y é ímpar.

SÉRIE III: ORDENAÇÃO DE NÚMEROS

Enigma 7

Situação: São dados números diferentes para os quais foram feitas duas afirmações *verdadeiras*:

Afirmação 1: Ou x é o maior ou y é o maior.

Afirmação 2: Ou z é o maior ou x é o menor.

Enigma: Descobrir a ordem crescente dos números.

Enigma 8

Situação: São dados números diferentes para os quais foram feitas duas afirmações *falsas*:

Afirmação 1: X é o maior ou y é o maior.

Afirmação 2: Z é o maior ou x é o menor.

Enigma: Descobrir a ordem crescente dos números.

Enigma 9

Situação: Um professor deu três informações a seus alunos a respeito de dois números desiguais x e y:

a) O número x é o maior.

b) O número y é o menor.

c) Pelo menos uma das informações anteriores é falsa.

Enigma: Ajudar os alunos descobrirem qual é o maior.

Enigma 10

Situação: No Enigma 9, considerar as mesmas informações a) e b), mas alterar a terceira para "c) Nas informações anteriores a) e b) pelo menos uma é verdadeira".

Enigma: Qual número é o menor?

Enigma 11

Situação: Sobre os números x e y desiguais foi informado que

a) x é o maior;

b) x é o maior ou y é o menor;

c) sabe-se que das informações a) e b) pelo menos uma é verdadeira.

Enigma: Qual a ordem crescente dos dois números?

SÉRIE IV: SARCÓFAGOS E TESOUROS

Enigma 12: OS DOIS SARCÓFAGOS

Situação: Numa gruta, bem escondida, foram encontrados dois sarcófagos A e B com as seguintes inscrições relativas a um tesouro:

Em A: Neste sarcófago há um tesouro e, no outro, um pó mortal.

Em B: Num sarcófago há um tesouro e, no outro, um pó mortal.

Ao alto, na parede próxima, havia o aviso abaixo transcrito:

> Uma das inscrições dos sarcófagos é verdadeira e a outra é falsa.

Enigma: Em qual dos dois sarcófagos está o tesouro?

Enigma 13: OUTRO DE DOIS SARCÓFAGOS

Situação: Inscrições nos sarcófagos

Em A: Pelo menos um destes sarcófagos tem um tesouro.

Em B: Há um pó mortal no outro sarcófago.

> **AVISO**
> As inscrições nos sarcófagos são ou ambas falsas ou ambas verdadeiras.

Enigma: Qual sarcófago abriria para encontrar o tesouro?

Enigma 14: OS TRÊS SARCÓFAGOS E O TESOURO

Situação: Nos sarcófagos de três múmias liam-se respectivamente as inscrições:

n. 1: Há um pó mortal neste sarcófago.

n. 2: No sarcófago n. 1 há um pó mortal.

n. 3: Há um pó mortal no sarcófago n. 2.

Ao alto, na parede bem atrás dos túmulos, estavam dois avisos:

> **AVISO A**
> Só uma das inscrições é falsa.

> **AVISO B**
> Um só sarcófago possui o tesouro e dois possuem pó mortal.

Enigma: Descobrir em que sarcófago está o tesouro.

Enigma 15: VARIANTE DE TRÊS SARCÓFAGOS

Situação: Substituir no enigma 3 o aviso A pelo seguinte:

> **AVISO A**
> Só uma das inscrições é verdadeira.

Enigma 16: OUTRA VARIANTE DE TRÊS SARCÓFAGOS

O leitor interessado encontrará na página 26 de Barbosa (2005) uma outra variante, com solução na p. 45.

RESOLUÇÕES

Enigma 2

Sugestão: Construa uma tabela análoga ao enigma 1 e estude os vários casos.

Solução: B.

Enigma 3

Resolução: Temos duas possibilidades, conforme indicamos na tabela:

	Afirmação de A	Afirmação de B
Caso 1	V	V
Caso 2	F	F

Caso 1: O que A afirmou é da forma de conjunção, portanto, por ser verdadeira, cada componente é verdadeira: x é ímpar (V) e y é ímpar (V); mas, sendo verdade o que B afirmou, temos que: y não é ímpar (V); portanto, temos uma contradição relativa a y. De onde a constatação que o Caso 1 não pode acontecer.

Caso 2: O que B afirmou é falso, então y é ímpar (V). O que A afirmou é falso, mas sendo da forma de conjunção, *pelo menos* uma das componentes é falsa, então temos três subcasos FF, FV e VF. Mas só FV pode se verificar; portanto, x não é ímpar (F); segue que x é par (V).

Solução: X é par e y é ímpar.

Enigma 5

Resolução: Temos a tabela Afirmações X Casos:

	Caso 1	Caso 2	Caso 3
Afirmação 1	V	F	F
Afirmação 2	F	V	F
Afirmação 3	F	F	V

Caso VFF: Sendo F a Afirmação 2, segue que a Afirmação 1 também é falsa, em contradição com o próprio caso, no qual a Afirmação 1 devia ser verdadeira.

Caso FVF: Sendo V a Afirmação 2, segue que a Afirmação 1 também é verdadeira, em contradição com o próprio caso, no qual a Afirmação 1 devia ser falsa.

Caso FFV: Sendo V a Afirmação 3, segue que de fato o número *x é par*. Sendo F a Afirmação 2, segue que a Afirmação 1 é falsa, em concordância com o caso; e sendo da forma condicional, a primeira componente é verdadeira, e a segunda é falsa. Isso acarreta que x é par (conforme a conclusão anterior) e que *y é ímpar*.

Solução: X é par e y é ímpar.

Enigma 7

Resolução: Desde que as afirmações são da forma de disjunção exclusiva (ou ... ou ...) e são verdadeiras, apenas uma componente de cada uma é verdadeira, conforme a tabelinha seguinte desse conectivo.

Proposição p	Proposição q	ou p ou q
V	F	V
F	V	V

Pela Afirmação 1 verdadeira, seja na situação VF seja FV das componentes, conclui-se que z não é o maior. Considerando o resultado anterior, descobrimos que a situação na Afirmação 2 é a de FV (a primeira componente falsa e a segunda componente verdadeira), de onde segue que *x é o menor*.

Solução: A ordem crescente é x < z < y.

Enigma 8

Resolução: Se ambas são falsas, temos só a situação FF das componentes para a Afirmação 1 (conectivo da forma disjunção inclusiva) e as situações VV e FF para a Afirmação 2 (conectivo da forma disjunção exclusiva). Vejamos a situação FF para a Afirmação 1: Teremos que x não é o maior e y não é o maior, só pode ser *z o maior*. O que concorda com a situação VV da Afirmação 2, resultando ainda que *x é o menor*. É clara também a posição *intermediária de y*. Porém, falta ver se concorda com a situação FF da Afirmação 2: Agora, não está de acordo desde que sendo F a primeira componente de 2 temos que z é o menor em contradição com z é o maior.

Solução: A ordem crescente é x < y < z.

Enigma 9

Resolução: Tabelinha Informações X Casos

	Caso 1	Caso 2	Caso 3
Informação a)	F	V	F
Informação b)	V	F	F

Caso 1: Se a informação a) é F, então x é o menor; mas sendo V a informação b), y é o menor, portanto temos uma contradição, e, consequentemente, o caso não pode se verificar.

Caso 2: Se a informação b) é F, então y é o maior; mas sendo V a informação a), o maior é o x, e novamente temos uma contradição.

Caso 3: Se a informação a) é F, então *x é o menor*; e sendo F a informação b), o número *y é o maior*, o que são conclusões compatíveis.

Solução: O maior é o y.

Enigma 10

Resolução: Sugerimos procedimento análogo ao anterior.

Solução: Y é o menor.

Enigma 11

Resolução: Tabela Informações X Casos

	Caso 1	Caso 2	Caso 3
Informação a)	V	F	V
Informação b)	F	V	V

Caso 1: Sendo a) verdadeira, segue que x é o maior. A Informação b) é da forma de disjunção (inclusiva); portanto, sendo falsa, ambas componentes são falsas. Decorre, pela primeira componente, que x é o menor, e, em consequência, temos uma *contradição*.

Caso 2: Sendo a Informação a) falsa, segue que x é o menor. A Informação b) é verdadeira, e, sendo disjunção, temos três situações a analisar:

Situação VV: de onde x é o maior, em *contradição* com a anterior.

Situação VF: de onde novamente x é o maior e há de novo *contradição* com a anterior, e contradição com ela mesma, pois sendo falsa a segunda componente, teríamos que y é o maior.

Situação FV: de onde x é o menor e y é o menor, então temos *contradição*.

Caso 3: Sendo a) verdadeira segue que x é o maior.

Situações de b):

VV: De onde x é o maior e y é o menor, em conformidade com a anterior.

VF: De onde x é o maior e y é o maior, temos contradição, pois x ≠ y.

FF: De onde x é o menor, em contradição com a anterior.

Solução: y < x

Enigma 12

Resolução: Temos dois casos para analisar:

Caso VF: Sendo V a inscrição de A, decorreria que a inscrição de B também seria V; logo, em contradição com o caso (VF) em estudo; consequentemente, o caso não pode se verificar.

Caso FV: O valor V da inscrição de B apenas nos informa que o tesouro é único, só tem num sarcófago. A inscrição de A é da forma de conjunção (... e...), e, sendo falsa, uma componente pelo menos é falsa, então temos três subcasos a analisar:

Subcaso FV: Sendo F a primeira componente, teríamos em A o pó mortal e, portanto, em B o tesouro. Porém, sendo a segunda componente V, então em B deveríamos ter também o pó mortal, e é contradição.

Subcaso VF: Sendo V a primeira componente, teríamos em A o tesouro, e, por ser a segunda componente F, teríamos no outro também o tesouro. Novamente uma contradição.

Subcaso FF: Se a primeira componente é F, teríamos em A *o pó mortal* e, portanto, em *B o tesouro*, conforme o F da segunda componente.

Conclusão: O tesouro está em B.

Enigma 13

Resolução: Nesse enigma temos:

Caso FF: Sendo F a inscrição de B, segue que em A não existe pó mortal; portanto, deve conter o tesouro, o que torna V a inscrição de A; em consequência, temos uma contradição com o caso em estudo (FF); assim, o caso não pode se verificar.

Caso VV: Sendo V a inscrição de B, segue que em A está o pó mortal, e por ser V a inscrição de A, segue que em B *está o tesouro*.

Solução: Abriria o sarcófago B.

Enigma 14

Resolução: Tabela de veracidade Inscrições X Casos conforme aviso A

	Caso 1	Caso 2	Caso 3
n. 1	F	V	V
n. 2	V	F	V
n. 3	V	V	F

Análise dos casos:

FVV: Se a inscrição n. 1 for F, segue que o sarcófago 1 não tem pó mortal; mas, a n. 2 é V, nos informa que no 1 tem pó mortal, logo, temos contradição, e o caso não acontece.

VFV: Sendo V a n. 1, segue que o sarcófago 1 tem pó mortal; mas a n. 2 é F, então no sarcófago 1 não tem pó mortal. Temos de novo uma contradição.

VVF: Neste caso, o V da n. 1 e o V da n. 2 são concordes. Sendo F a n. 3, então não há pó mortal no sarcófago 2, e, portanto, neste sarcófago está o tesouro.

Solução: O tesouro está no sarcófago n. 2, e os dois outros possuem pó mortal.

Enigma 15

Resolução: A tabela Inscrições X Casos de acordo com o aviso A será

	Caso 1	Caso 2	Caso 3
n. 1	V	F	F
n. 2	F	F	V
n. 3	F	V	F

Os casos 1 e 3 conduzem a contradições, e o caso 2, à solução.

Solução: O tesouro está no sarcófago 1

NOTA FINAL: O interessado em mais enigmas, encontrará em Druck (1990, p. 10-18) vários bem interessantes relacionados à Alice, ao Leão e ao Unicórnio.

Vamos ser lógicos: Chega de lógica! Caso não consiga ler as palavras acima, peça a alguém, que tenha boa visão, para contar-lhe que na próxima parte vamos falar um pouco de COLORAÇÃO!

SEGUNDA PARTE

COLORAÇÃO

> Caso ele não saiba e não saiba que não sabe,
> então o desdenha.
> Caso ele saiba e saiba que sabe,
> então o segue.
> Caso ele saiba e não saiba que sabe,
> então o desperta.
> Caso ele não saiba e saiba que não sabe,
> então lhe ensina.

CAPÍTULO 3
COLORAÇÃO DE POLÍGONOS REGULARES E OUTROS POLÍGONOS

A – POLÍGONOS REGULARES

Todo polígono regular de n lados pode ser dividido em n triângulos iguais (congruentes) com um vértice no centro do polígono.

Dizemos que um polígono regular tem *coloração completa* se e somente se cada triângulo componente for pintado com alguma cor; entendendo-se mais precisamente que as cores não precisam ser iguais.

No caso particular de possuirmos *duas cores de tinta*, branca e cinza, cada região triangular componente tem duas opções de cor; portanto, no total teremos 2.2.2. ... 2 = 2^n figuras com coloração completa. Assim, se considerarmos o triângulo equilátero (n=3) então teremos $2^3 = 8$ figuras, conforme indicamos a seguir:

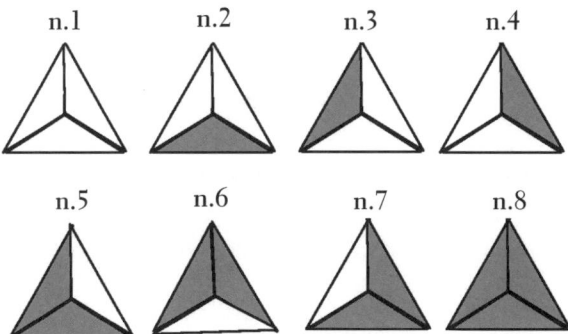

Entretanto, observando as figuras n. 2, n. 3 e n. 4, verifica-se que podemos girar a n. 2 no sentido horário e obter a n. 3, e girando novamente do mesmo ângulo (120º)

obtemos a n. 4. Dizemos então que elas se *identificam por rotação*. É costume dizer que estas três constituem uma *classe de equivalência* e que qualquer uma é sua *representante*

Da mesma forma podemos proceder com a n. 5, a n. 6 e a n. 7, e também as identificamos por rotação; portanto, constituem outra classe de equivalência. Do ponto de vista educacional é mais conveniente dizer que cada classe de equivalência tem o mesmo *padrão de coloração*, e cada figura que tenha o mesmo padrão será representante da classe. Além da *simetria rotacional* outra interessante de ser ressaltada é a *simetria reflexional*. Assim, a n. 3 e a n. 4 podem ser identificadas considerando a *reflexão* de eixo dado por uma vertical coincidente com a mediatriz da base; a n. 2 se identifica com a n. 3 por *reflexão* de eixo dado pela mediatriz do lado da direita; e, finalmente, a n. 2 se identifica com a n. 4 por *reflexão* de eixo dado pela mediatriz do lado da esquerda. Analogamente, verificamos o fato nas figuras n. 5, n. 6 e n. 7.

Considerando as identificações anteriores, podemos dizer que ficamos com quatro figuras, ou melhor, ficamos com quatro padrões de coloração; ou que podemos pintar de quatro maneiras com duas cores de tinta os triângulos componentes do triângulo equilátero.

É possível fazer outra classificação, considerando o número de cores empregadas: diremos que a n. 1 e a n. 8 são *monocoloridas* e que as outras seis são *bicoloridas*.

Material: Já que temos oito figuras de triângulos equiláteros e, portanto, 24 triângulos isósceles componentes, no mínimo empregar-se-á, para as explicações, 12 de cada cor. É conveniente pintar as peças nas duas faces, facilitando reflexões sem uso de espelho.

ATIVIDADES

Atividade 1

Situação: Dispõe-se de um conjunto de triângulos retângulos isósceles iguais, suficiente para compor quadrados, e duas cores de tinta: preta e cinza.

Problema: Quantas colorações completas diferentes[1] podemos obter para os quadrados? Exibi-las.

Solução: Das $2^4 = 16$ figuras possíveis temos seis padrões de coloração.

Monocoloridos

---

[1] Entendidas "diferentes" se não podem coincidir por simetria reflexional ou simetria rotacional.

Bicoloridos ◆ ◆ ◆ ◆

Material: No mínimo 12 triângulos de cada cor para cada grupo de alunos.

Atividade 2

Situação: Dispõe-se de uma coleção de triângulos isósceles iguais suficiente para compor vários pentágonos regulares e duas cores de tinta.

Problema: Quantas colorações completas diferentes se podem obter para os pentágonos? Exibi-las.

Solução: Das $2^5 = 32$ figuras possíveis temos 8 padrões de coloração.

Material: No mínimo 20 triângulos isósceles de cada cor para cada grupo de alunos.

Atividade 3

Situação: Dispõe-se de um conjunto de triângulos equiláteros iguais suficiente para compor vários hexágonos regulares e duas cores de tinta.

Problema: Quantas colorações completas diferentes de hexágonos podemos construir? Mostrá-las.

Solução: Das $2^6 = 64$ figuras hexagonais possíveis, podemos esperar, em face dos resultados anteriores, respectivamente 4, 6 e 8, que devíamos ter 10 padrões de coloração. Entretanto, a inferência é prematura, tem-se realmente 13.

Monocoloridos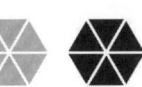

Bicoloridos

Material: No mínimo 39 triângulos equiláteros de cada cor.

MATEMÁTICA SUBJACENTE EM NÍVEL AVANÇADO

Todas as situações-problema anteriores envolvem um recurso mais avançado de matemática, o da Teoria dos Grupos, específica do Método de Contagem iniciado em 1937 por George Polya, com sua teoria dos Indicadores de Ciclos, um tema bastante estudado e desenvolvido por vários matemáticos. Contudo, parece-nos que, historicamente, o primeiro matemático a tratar de problemas de coloração foi Percy Alexander Mac Mahon, de Cambridge (Inglaterra), em 1921, justamente com um equivalente ao que usamos na introdução.

No caso do triângulo equilátero, chamando de a, b e c as três regiões, as suas permutações por ciclos são dadas pelo quadro seguinte:

Simetrias	Permutações	Parâmetros
Identidade	(a)(b)(c)	$(t_1)^3$
Reflexões	(ab)(c)	$t_1 t_2$
	(ac)(b)	$t_1 t_2$
	(bc)(a)	$t_1 t_2$
Rotações	(abc)	t_3
	(acb)	t_3

Então o seu Indicador é $I = (t_1^3 + 3t_1 t_2 + 2t_3)/6$, de onde com todo $t_i = 2$ (cores) temos $N_{padrões} = 24/6 = 4$, e analogamente para outros números de cores. Para cada figura, independentemente de ser polígono regular, descobre-se o indicador de ciclos e substituem-se os t_i. É claro que, substituindo todos os t por n (número de cores), encontra-se a fórmula de contagem, no caso n(n + 1)(n + 2)/6. Ao interessado, sugerimos nosso trabalho Barbosa (1979).

B – QUADRADOS E RETÂNGULOS – ATIVIDADES

Atividade 4

Analogamente, com quadrados componentes podemos compor um quadrado duplo 2X2; e usando duas cores de tinta (branco e cinza) obteremos de novo seis padrões de coloração, a seguir mostrados seus representantes:

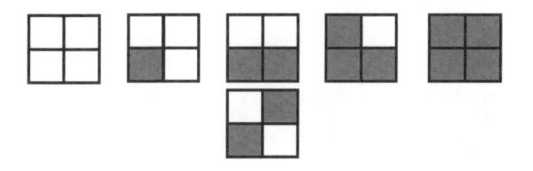

Material: No mínimo 12 quadradinhos de cada cor.

Atividade 5

Situação-problema: Descobrir quantos são os padrões de coloração para o quadrado duplo 2X2 com três cores de tinta.

Solução: 21 padrões.

Material: No mínimo 42 quadradinhos de cada cor; é mais conveniente o uso de papel quadriculado.

Atividade 6

Situação: Dispomos de quadrados iguais suficiente para formar vários retângulos 3X2, e duas cores.

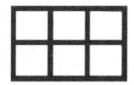

Problema: Descobrir o número de padrões que podemos obter realizando colorações completas. Mostrá-los.

Solução: 24 padrões.

Monocoloridos

Tipo 6P   Tipo 6C

Bicoloridos

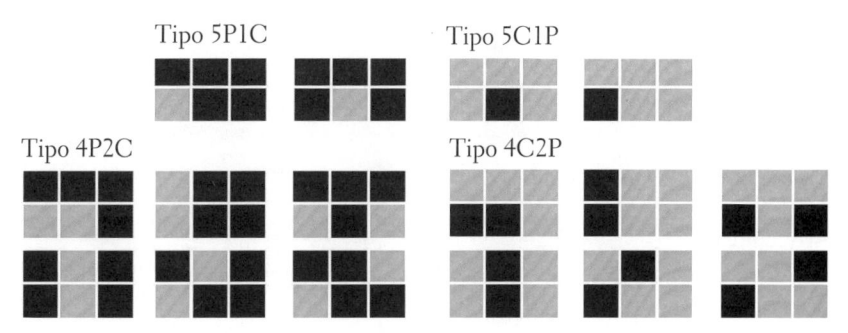

Tipo 5P1C

Tipo 5C1P

Tipo 4P2C

Tipo 4C2P

Tipo 3P3C

Material: No mínimo 72 quadradinhos de cada cor; de onde decorre a conveniência do uso de papel quadriculado, pois em contrário exigiria muito material (de madeira, EVA ou papel cartão).

NOTA: Caso você, colega professor, queira verificar a contagem, $I = (t_1^6 + t_1^2 t_2^2 + 2t_2^3)/4$ é o Indicador de Ciclos do retângulo, de onde para duas cores $N_{padrões} = (64 + 16 + 16)/4 = 96/4 = 24$. Para três cores temos $N_{padrões} = (729 + 81 + 54)/4 = 216$, o que mostra a dificuldade de se descobrir apelando apenas para o visual e alguma possível regra para as colorações.

C – OUTROS POLÍGONOS

Atividade 7

Situação: Temos um conjunto de quadrados iguais suficiente para construir várias cruzes, como a indicada a seguir, e duas cores de tinta: preta e cinza.

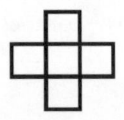

Problema: Descobrir o número de padrões de coloração.

Solução: 12 padrões de cruzes.

Material: 30 quadradinhos de cada cor, então é melhor usar papel quadriculado.

Atividade 8

Situação-problema: Com triângulos retângulos escalenos iguais e duas cores, descobrir os padrões de losangos.

Solução: 7 losangos; 2 monocoloridos e 5 bicoloridos.

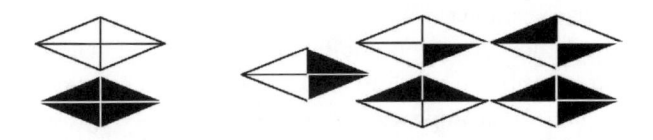

Material: No mínimo 14 triângulos de cada cor.

Atividade 9

Situação: A mesma situação para três cores.

Solução: 27 losangos

Material: No mínimo 36 triângulos retângulos escalenos para cada cor; preferencialmente, usar papel quadriculado.

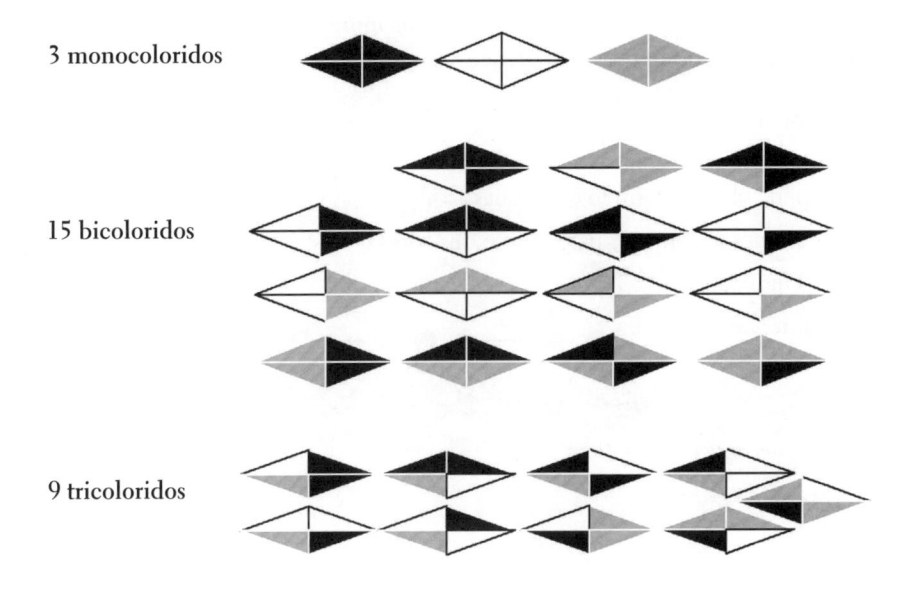

3 monocoloridos

15 bicoloridos

9 tricoloridos

NOTA: O interessado encontrará a fórmula de contagem $n^2(n^2 + 3)/4$.

Atividade 10

Situação-problema: Com quadrados de duas cores quantos padrões de coloração da figura ao lado podem ser construídos? Exibi-los.

Solução: 40 padrões.

D – COLORINDO VÉRTICES OU LADOS

No caso de não se empregar apenas desenhos, estas atividades produzem alto grau de motivação nos alunos, já que possibilitam o emprego de material manipulativo bonito. A opção é o trabalho com varetas de madeira para os lados dos polígonos e pequenas bolas coloridas de isopor para os vértices, nas quais serão espetadas as varetas para a obtenção de polígonos. É importante para o visual que as varetas tenham a mesma medida e sejam da mesma cor, até da cor natural de madeira.

O objetivo de cada atividade é descobrir o número de padrões de coloração dos vértices de polígonos quando se pintam os vértices (na situação sugerida, pintam-se as bolas de isopor). A grande vantagem reside no fato de o aluno poder movimentar os seus polígonos, rotacionando-os ou reflexionando-os ao redor de algum eixo (aqui evitando o uso de espelhos).

Um segundo tipo de atividade trata da descoberta do número de padrões de coloração dos lados de polígonos quando se pintam os lados. Também para estas sugerimos o emprego de varetas e bolas de isopor; porém, agora, as varetas é que são coloridas, e as bolas de isopor, sempre brancas.

Atividade 11

Situação-problema: Descobrir o número de triângulos equiláteros diferentes que se pode obter colorindo os vértices?

Veremos as soluções para duas e três cores respectivamente.

a) Duas cores

Soluções: 4.

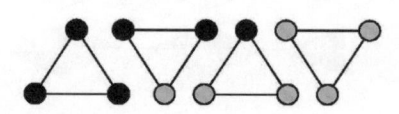

b) Três cores

Soluções: 10.

Monocoloridos

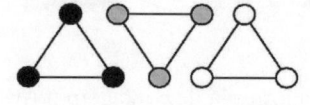

Bicoloridos

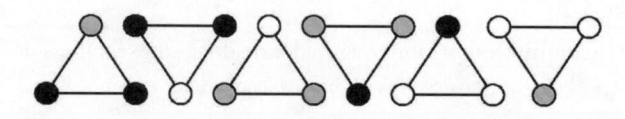

Tricolorido

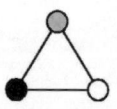

Atividade 12

Situação-problema: Descobrir o número de quadrados diferentes que se pode obter colorindo os vértices.

a) Duas cores

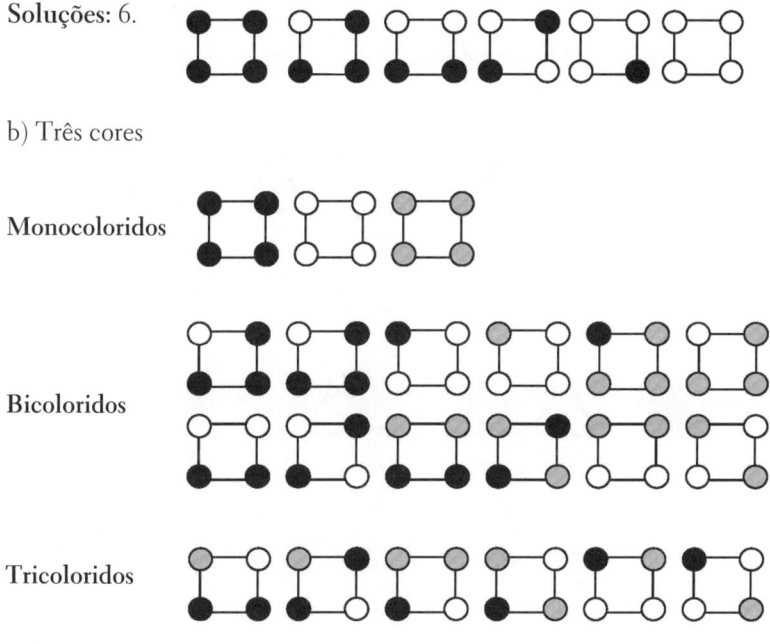

Soluções: 6.

b) Três cores

Monocoloridos

Bicoloridos

Tricoloridos

Soluções: 21.

Atividade 13

Situação: Temos dois quadrados articulados num "esqueleto" de varetas e bolas de isopor, como indica a figura abaixo.

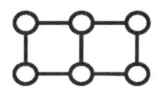

Problema: Descobrir o número de esqueletos diferentes que se pode obter colorindo com duas cores as bolas de isopor.

Solução: 24 padrões.

Atividade 14

Situação: Dispõe-se de um losango composto de dois triângulos isósceles de varetas e bolas de isopor articuladas formando um "esqueleto", como indica a figura dada a seguir.

Problema: Descobrir os esqueletos diferentes que se pode obter colorindo com duas cores as bolas de isopor.

NOTA: Deixamos ao leitor o prazer de encontrar as soluções.

Atividade 15

Situação-problema: Qual o número de triângulos equiláteros diferentes que se pode obter colorindo os lados?

a) Duas cores
Solução: 4 padrões.

b) Três cores
Solução: 10 padrões.

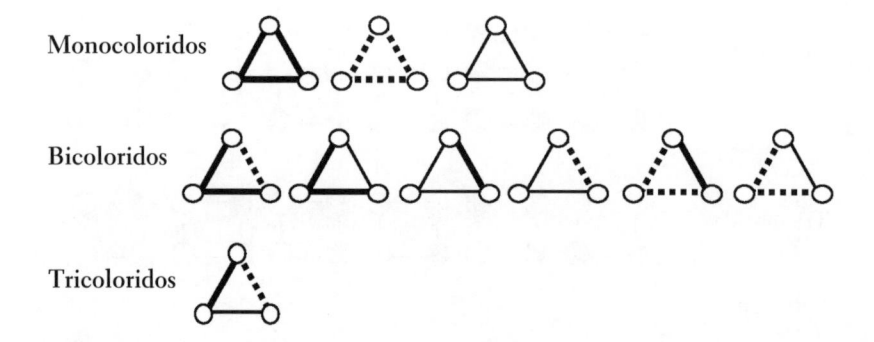

Monocoloridos

Bicoloridos

Tricoloridos

Atividade 16

Situação-problema: Descobrir os quadrados diferentes que se podem obter colorindo os lados?

O leitor já deve ter descoberto que obterá 6 e 21 soluções para duas e três cores, respectivamente.

Atividade 17

Situação-problema: Descobrir os diagramas quadrados diferentes que se podem obter colorindo as seis arestas com duas cores.

Solução: 19 padrões.

MATEMÁTICA SUBJACENTE AO NÍVEL MÉDIO

Vamos aproveitar para comentar que esta questão é propícia para o professor utilizar a expansão binomial de Newton (do Ensino Médio).

Temos duas cores e seis elementos, então expandimos:

$(x + y)^6 = x^6 + 6yx^5 + 15y^2x^4 + 20y^3x^3 + 15y^4x^2 + 6y^5x + y^6$; onde cada termo corresponde às figuras sem considerar as simetrias. Assim, $15y^2x^4$ corresponde a 15 com duas arestas com uma cor e quatro com outra. Podemos então conferir esses quatro padrões descobertos:

O primeiro padrão é de uma classe com dois diagramas (que se identificam por rotações de 90°), o segundo é único na classe, o terceiro é de uma classe com oito, por mudança da cor nas diagonais (reflexão horizontal) e rotações sucessivas de 90°, e o quarto a uma classe com quatro representantes; então: $2 + 1 + 8 + 4 = 15$. Aliás, pode-se também lembrar aos alunos que 15 nada mais é que o número de combinações de seis arestas tomadas duas para a segunda cor; e ainda relembrar a igualdade dos números de combinações complementares.

Sugerimos ao leitor interessado a aplicação dessas ideias em alguns problemas.

Atividade 18

Situação-problema: Descobrir os padrões de colorações diferentes dos diagramas que se podem obter colorindo os seis vértices usando duas cores.

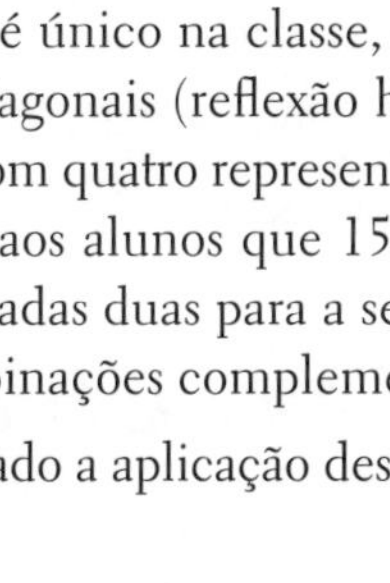

a). Três vértices de uma cor e três de outra

Solução: 8 padrões

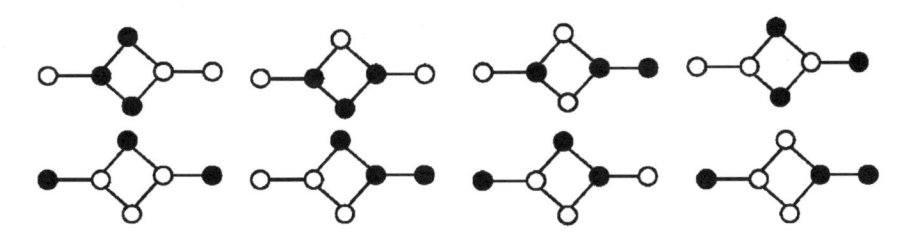

b) Cinco vértices de uma cor e um de outra

Solução: 3 padrões + 3 padrões (trocando P com B)

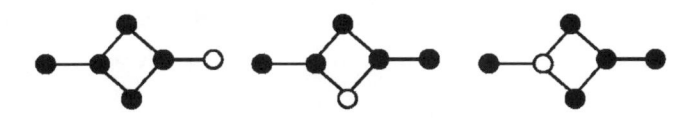

c).Quatro vértices de uma cor e dois de outra
Solução: 7 padrões + 7 (trocando P com B)

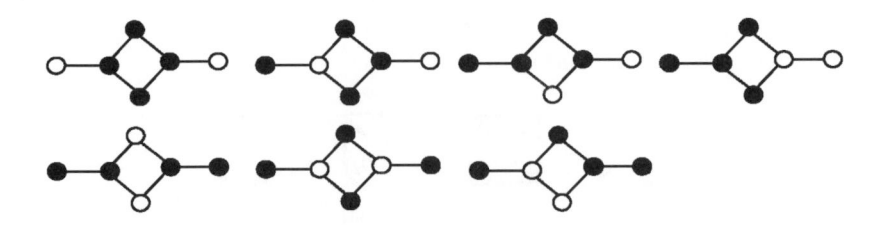

d) Seis vértices de uma mesma cor.
Solução: 1 padrão + 1 (trocando P com B)
Total: 8 + 6 + 14 + 2 = 30 padrões.

Atividade 19

Situação-problema: Descobrir os padrões de colorações diferentes do diagrama ao lado que se podem obter colorindo os seis vértices usando duas cores.

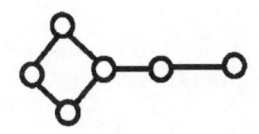

Resolução: Sugerimos proceder analogamente à Atividade 18.
Solução: Será que o total é 48?

Atividade 20

Situações análogas, quando aplicadas a *faixas de triângulos* ou *faixas de quadrados*, possibilitam no Ensino Fundamental um relacionamento com frações, gerando a fixação do seu conceito e notação.

Considerar, por exemplo, uma faixa de quatro triângulos equiláteros. Descobrir os padrões usando duas cores para pintar os triângulos.

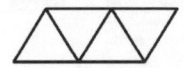

Solução: 10 padrões.

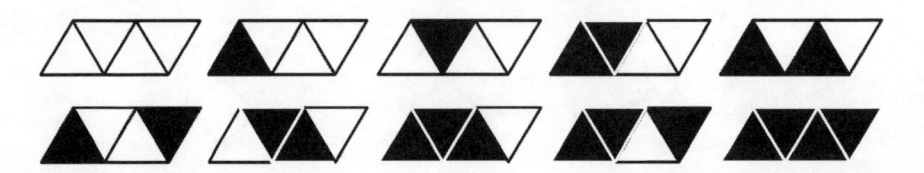

COMENTÁRIO

Inicialmente, o professor deve insistir que a faixa pode ser virada girando-a de meia volta (simetria rotacional de 180°); portanto, o triângulo 1 troca de lugar com o triângulo 4, e o 2 com o 3. De onde se conclui que a figura 1, quando virada, dá a mesma coloração, a 2 girada daria o triângulo 1 em branco e o 4 em preto, a 3 daria o triângulo 2 em branco e o 3 em preto, e assim sucessivamente. Por outro lado, a figura 2 e a figura 3 possuem um só triângulo em preto; a n. 4, a n. 5, a n. 6 e a n. 7 possuem cada uma dois triângulos em preto, etc. E agora, o principal, conceituar usando o número de partes em relação ao total de partes iguais: 0/4, 1/4 (duas maneiras), 2/4 (quatro maneiras), 3/4 (duas maneiras) e 4/4 (uma maneira). Para três cores tem-se 18 padrões.

No caso de faixa com cinco triângulos equiláteros, a identificação de figuras é feita com reflexão em eixo vertical (virando a faixa), o triângulo n. 1 coincidirá com o n. 5; o n. 2 com o n. 4; e o n. 3 ficará sobre si mesmo. Então temos 20 padrões para duas cores: 0/5 (um), 1/5 (três), 2/5 (seis), 3/5 (seis), 4/5 (três) e 5/5 (um).

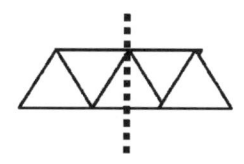

Outro ponto de vista interessante nas explicações, mais amplo do que o usual empregado por um bom número de docentes, que é o de considerar só a primeira parte, as duas primeiras, etc. Certamente o leitor, prezado professor, deve ter notado que várias questões anteriores podem ser aplicadas à aprendizagem de frações.

> Como é maravilhosa a sensação da descoberta da Matemática! Temos a convicção de que jamais esqueceremos. E como desejamos prosseguir!

CAPÍTULO 4
COLORAÇÃO DE CUBOS E OUTROS POLIEDROS

> Confessar um erro é demonstrar que fez progresso na arte de raciocinar.

INTRODUÇÃO

Um cubo tem *coloração completa* se e somente se cada uma de suas faces é pintada com alguma cor. Caso dispomos, por exemplo, de quatro cores de tinta: A, B, C e D, podemos obter cubos com coloração completa: a) monocoloridos (todas faces com a mesma cor); b) bicoloridos (A e B; A e C; A e D; B e C; B e D; C e D); c) tricoloridos (A, B e C; A, B e D; A, C e D; B, C e D) e d) tetracoloridos (A, B, C e D); e assim sucessivamente. No caso de mais cores, teremos pentacoloridos e hexacoloridos.

Consideraremos cubos de coloração diferente aqueles que não se identificam por alguma simetria reflexional ou simetria rotacional.

A – PINTANDO AS FACES DE CUBOS

Situação-problema 1 (modelo)

Situação: Dispõe-se de cubos coloridos com duas cores

Problema: Quantos cubos de colorações completas diferentes existem?

Resolução: Sejam as cores cinza (C) e preta (P).

1º Procedimento: Raciocinando sobre planificações.

Consideraremos para nossa forma padrão de planificação do cubo a figura hexaminó[2] (seis quadrados conectados pelo menos por um lado) dada a seguir.

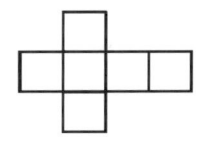

---

[2] Existem 11 hexaminós (6 quadrados conectados pelo menos por um lado) que planificam o cubo

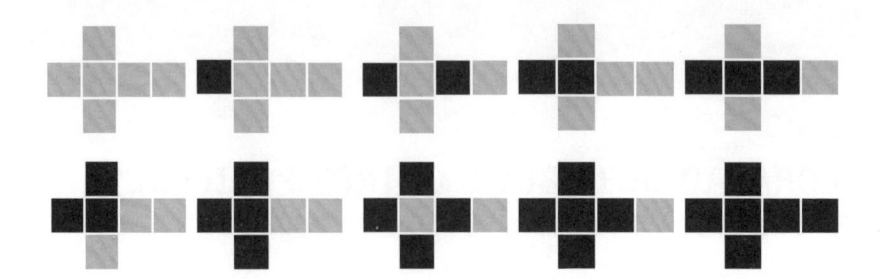

2 monocoloridos
8 bicoloridos
Total: 10 cubos.

COMENTÁRIO

O leitor observará que no n. 2 iniciamos com uma quadrícula em preto, mas qualquer quadrícula poderia ser empregada para ponto de partida. Em seguida deveríamos acrescentar uma preta, porém buscando para a nova preta todos os possíveis posicionamentos (diferentes por alçamento das respectivas planificações ou por simetrias). Assim, para passarmos a duas pretas, baseamo-nos em vizinhança da preta anterior, quando obtivemos a n. 3 e a n. 4; na 3 fica oposta e na 4 fica vizinha. É importante observar que se a tivéssemos colocado em qualquer das outras três posições ela teria ficado vizinha da anterior. Ao ampliarmos para três pretas, a terceira na n. 5 ficou em continuação com as duas anteriores, e na n. 6 elas formaram no cubo um triedro preto. É claro que se tivéssemos colocado a nova preta do lado esquerdo (da cruz) formaria também um triedro preto e, portanto, seria identificável com a n. 6. E se colocássemos no pé da cruz, identificar-se-ia com a n. 5. No caso da quarta preta é mais fácil observar o posicionamento das quadrículas de cor cinza; na n. 7 elas são vizinhas, e na n. 8 elas são opostas.

Nota: Parece-nos adequado, em sala de aula, pedir que os alunos esclareçam suas descobertas; algumas interferências do professor poderão ajudar, principalmente questionando posicionamentos em quadrículas vazias não utilizadas.

2º procedimento: Raciocinando direto sobre espécies de cubos.

Monocoloridos: • Espécie 6C – basta colorir todas as faces com cinza.

• Espécie 6P – substituímos, em todas as faces, a cor cinza pela preta.

Bicoloridos: Devemos ter pelo menos uma face preta; portanto, podemos imaginar o cubo com a face preta no plano da mesa.

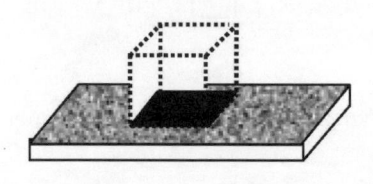

Espécie 1P5C – Pintamos todas as faces livres com cinza.

Espécie 2P4C

a) Pintamos a superior com P e as outras com C.

b) Qualquer outra com P (exceto a superior) e as restantes com C

Espécie 3P3C – Devemos pintar mais duas com P:

a) Face superior com P e uma lateral qualquer com P

b) Colorimos duas faces laterais vizinhas com A

Espécie 4P2C – Trocamos P com C em 2P4C, obtendo dois padrões

Espécie 5P1C – Trocamos P com C em 1P5C, obtendo um padrão

Total: 10 padrões de cubos coloridos

MATEMÁTICA SUBJACENTE EM NÍVEL AVANÇADO

Também aqui é aplicável o Indicador de Ciclos

$$I = (t_1^6 + 6t_1^2 t_4 + 3t_1^2 t_2^2 + 8t_3^2 + 6t_2^3) / 24$$

de onde $N2 = (64 + 48 + 48 + 32 + 48) / 24 = 10$

Atenção: Nas situações-problema 2 até 8 dispõem-se de cubos coloridos com as cores branca (B), cinza (C) e preta (P).

Situação-problema 2

Problema: Quantos são os cubos tricoloridos diferentes, com coloração completa, de tal forma que cada cubo tenha duas faces de cada cor?

Solução: 6 cubos.

Situação-problema 3

Problema: Quantos são os cubos bicoloridos diferentes, com coloração completa, tendo uma face de uma cor e as outras de outra cor?

Solução: 6 cubos.

Situação-problema 4

Problema: Quantos são os cubos bicoloridos diferentes, com coloração completa, tendo três faces de uma cor, e as outras de outra cor?

Solução: 6 cubos.

Situação-problema 5

Problema: Quantos são os cubos bicoloridos diferentes, com coloração completa, tendo duas faces de uma cor e as outras quatro de outra cor?

Solução: 12 cubos.

Situação-problema 6

Problema: Quantos são os cubos diferentes, com coloração completa, tendo uma face de uma cor, uma com outra cor e quatro faces com uma terceira cor?

Solução: 6 cubos.

Situação-problema 7

Problema: Quantos são os cubos diferentes, com coloração completa, tendo uma face de uma cor, duas com outra cor e três com uma terceira cor?

Sugestão de Resolução: Separar em casos 3P2B1C, 3P1B2C, 1P3B2C, 2P3B1C, 1P2B3C e 2P1B3C.

Solução: 18 cubos.

Situação-problema 8

Problema: Quantos padrões de cubos existem?

Resolução: Consiste em somar os totais parciais das situações-problema anteriores para 3 cores: 6 + 6 + 6 + 12 + 6 + 18 = 54 e, com mais três monocoloridos, temos 57 padrões de cubos.

Nota: O interessado em algo mais, poderá conferir com o Indicador de Ciclos do Cubo.

Situação-problema especial

Situação: Dispomos de cubos coloridos com as cores A, B, C, D, E e F.

Problema: Quantos cubos hexacoloridos diferentes existem?

Resolução: Como procedemos antes, coloquemos o cubo de tal forma que uma das faces repouse sobre o plano da mesa, por exemplo, a de cor A.

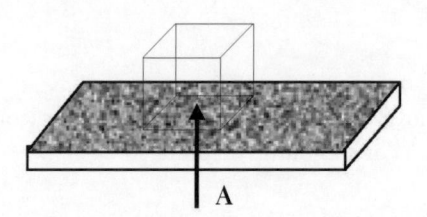

Temos cinco opções para a face superior (a oposta): B, C, D, E e F. Selecionando a de cor B, as outras quatro cores sobram para as faces laterais; elas constituirão seis disposições circulares diferentes[3] : CDEF, CDFE, CEDF, CEFD, CFDE e CFED

Já que para cada uma das cinco cores na face superior temos seis disposições nas faces laterais, teremos, então, ao todo 30 cubos coloridos diferentes.

---

[3] Esse número pode ser calculado por $(4 - 1)! = 3! = 3.2.1 = 6$ no Ensino Médio, mas pode ser entendido para o Fundamental em caráter de informação.

COMENTÁRIOS PARA A SALA DE AULA

Além da motivação emergente das atividades de coloração, o professor pode explorar bastante o tema CUBO. Assim, é conveniente conceituá-lo como hexaedro regular (seis faces quadradas); contar os vértices (oito), contar arestas (12); contar arestas concorrentes em cada vértice (três); contar triedros (oito tri-retângulos); verificar a Fórmula de Euler para poliedros regulares ($V + F = A + 2$); mostrar que a fórmula é válida para redes planas onde V é substituído pelo número N de nós, F pelo número R de regiões e A pelo número S de segmentos ($N + R = S + 2$, onde para R é contada a grande região); estendê-la para qualquer número de arcos (Ar), conectando dois nós; estendê-la para árvores (só existe a grande região, e o desenho é conexo).

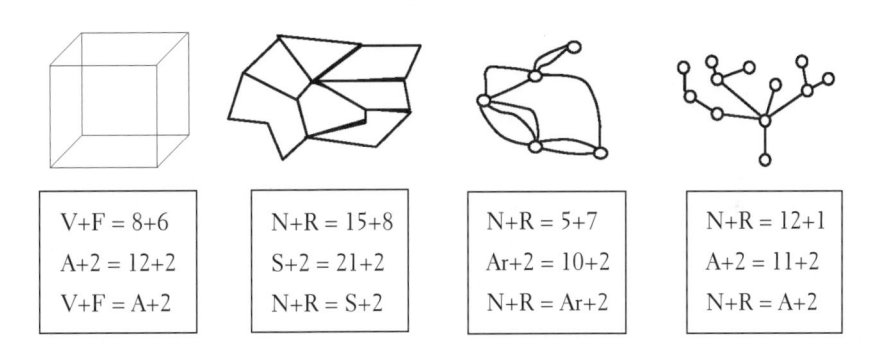

$V+F = 8+6$	$N+R = 15+8$	$N+R = 5+7$	$N+R = 12+1$
$A+2 = 12+2$	$S+2 = 21+2$	$Ar+2 = 10+2$	$A+2 = 11+2$
$V+F = A+2$	$N+R = S+2$	$N+R = Ar+2$	$N+R = A+2$

Se houver receptividade dos alunos, ampliar as colorações para outros poliedros regulares (tetraedro e octaedro) ou para prismas retos (base triangular, retangular, pentagonal, etc.), tornando as aulas bem dinâmicas.

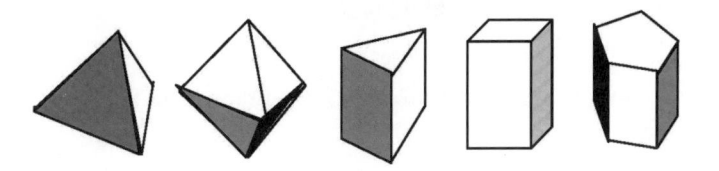

B – DESCOBRINDO MÍNIMOS DE CORES

Procuraremos responder neste item a uma pergunta possível em muitas ações de coloração:

Qual é o número mínimo de cores para colorir determinados elementos de um poliedro, desde que não se tenham dois elementos da mesma espécie vizinhos[4] com a mesma cor?

---

[4] Faces com aresta em comum, arestas com vértice em comum, vértices com aresta conectando-os.

Atividade 1

Qual o número mínimo de cores para colorir as faces de um cubo, desde que faces contíguas (vizinhas) não tenham a mesma cor?

É claro que, se usarmos *seis cores*, uma em cada face, é impossível que existam duas faces vizinhas com a mesma cor; portanto, com seis cores é satisfeita a condição (aliás, vimos que existem 30 cubos coloridos dessas maneira). Utilizaremos isso como nosso ponto inicial do raciocínio.

Verifiquemos as possibilidades com *cinco cores*, recorrendo à planificação usual do cubo.

Coloquemos quatro dessas cores em faces sucessivas que rodeiam o cubo, aquelas cujos quadrados na planificação ocupam uma faixa horizontal. Ficamos com duas faces por colorir, para as quais precisamos usar cores diferentes das quatro anteriores, já que são vizinhas das quatro anteriores; mas como são opostas, podemos usar a mesma cor em ambas.

Conclusão parcial: É possível colorir as faces de um cubo sob a condição exigida usando cinco cores.

Vamos reduzir o número para *quatro cores*; vejamos se é possível sob a condição imposta. No raciocínio anterior gastamos quatro cores na faixa horizontal, mas poderíamos ter utilizado só três cores com uma das cores em faces opostas (ver face preta).

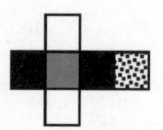

De onde temos **nova conclusão:** É possível usar quatro cores para colorir as faces sob a condição.

Será que podemos reduzir mais um pouco, para três cores?

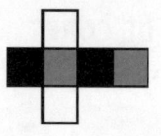

Vejamos se a argumentação anterior ainda vale:

De fato, na faixa horizontal podemos empregar as outras duas faces opostas também com a mesma cor.

Nova conclusão: É possível usar três cores para colorir as faces sob a condição do problema.

Podemos reduzir para duas cores?

A resposta é *não*, pois o cubo é formado por 8 triedros (três faces em cada vértice) e, forçosamente, se tivéssemos só duas cores, em todo o triedro teríamos pelo menos duas faces vizinhas com a mesma cor.

Conclusão final: O número mínimo de cores para colorir as faces de um cubo sem faces vizinhas da mesma cor é *três*.

Observação: É importante lembrar que três é *apenas* o número mínimo *suficiente* de cores para que o cubo não possua faces vizinhas da mesma cor; mas *é necessário que*:

a) sejam duas de uma cor, duas de outra e duas da terceira cor;

b) as faces de mesma cor sejam opostas.

De fato, é impossível satisfazer a condição exigida se empregarmos três cores, mas em três ou quatro faces, por exemplo, de cor preta. Após colocarmos duas faces opostas pretas, a terceira face preta será vizinha de ambas.

NOTA: O professor pode aproveitar o assunto também para aprendizagem de condições suficientes e condições necessárias.

Atividade 2

Qual o mínimo de cores para colorir as *arestas* desde que arestas vizinhas do cubo não tenham a mesma cor?

Considerando que em todo vértice de cubo concorrem três arestas, decorre que é preciso iniciar com três cores em algum vértice (seja A).

Passemos a um vértice B; neste podemos usar para novas arestas as duas cores anteriores:

a) repetindo em arestas paralelas a mesma cor ou

b) repetindo em arestas reversas.

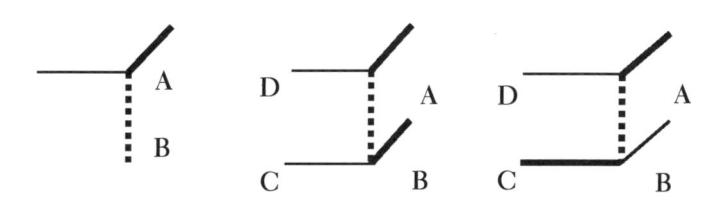

Na opção a), no vértice C podemos tentar a continuação da mesma maneira, usando paralelas com a mesma cor, ou então tentando usar reversas com a mesma cor.

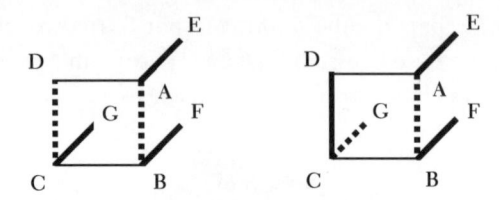

Da primeira alternativa, em D, obrigatoriamente, teremos de usar a terceira aresta com a mesma cor das paralelas. Porém em H temos duas escolhas: continuar usando arestas paralelas com a mesma cor ou usar reversas com a mesma cor.

Obtemos então duas soluções diferentes com *três cores*. Uma com três conjuntos de quatro paralelas da mesma cor e outra com um só conjunto de quatro paralelas da mesma cor.

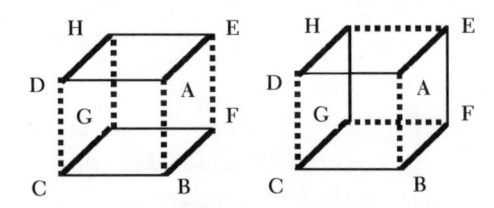

Da segunda alternativa, em D, obrigatoriamente, temos de usar na aresta DH a cor de sua reversa AB; resultando uma terceira solução com três cores. Mas equivalente à segunda anterior, pois possui apenas um conjunto de quatro arestas paralelas com a mesma cor.

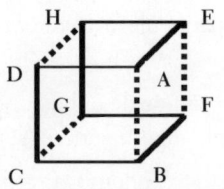

Conclusão: O número mínimo é de 3 *cores* para não existir arestas vizinhas com a mesma cor.

Nota: São necessários três conjuntos de quatro arestas paralelas de mesma cor ou um só conjunto de quatro arestas paralelas da mesma cor.

Atividade 3

Mesma questão para colorir os vértices de um cubo, desde que vértices vizinhos não tenham a mesma cor.

Iniciemos com um vértice com uma cor qualquer; os três vértices vizinhos devem ter uma segunda cor, e, portanto, nas três faces do triedro inicial, cada um dos vértices restantes poderá ter a primeira cor. Resulta que o oitavo e último vértice poderá ter de novo a segunda cor.

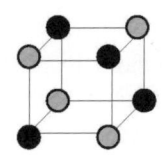

Conclusão: O mínimo é de duas cores para não existir vértices vizinhos com a mesma cor, mas são necessários dois conjuntos de quatro vértices com a mesma cor.

Atividade 4

Qual o número mínimo de cores para colorir as faces de um tetraedro, desde que faces vizinhas não tenham a mesma cor?

Solução: Quatro cores, desde que cada face seja vizinha das outras três.

Atividade 5

Descobrir o número mínimo de cores para colorir as arestas de um tetraedro, desde que arestas vizinhas não tenham a mesma cor.

Solução: Três cores com os pares de arestas opostas da mesma cor.

Atividade 6

Qual o mínimo de cores para colorir os vértices de um tetraedro, desde que vértices vizinhos não tenham a mesma cor?

Solução: Quatro cores, pois cada vértice é vizinho dos outros três.

Atividade 7

Qual o mínimo de cores para colorir as faces de um octaedro, desde que faces vizinhas não tenham a mesma cor?

Solução: Três cores; mas são necessárias três faces de uma cor, três de outra e duas de uma terceira cor.

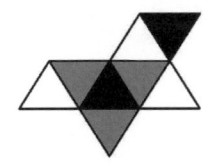

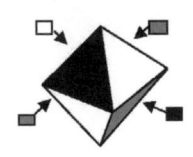

Atividade 8

Qual o mínimo de cores para colorir os vértices de um octaedro desde que vértices vizinhos não tenham a mesma cor?

Solução: Três cores; vértices opostos com cada cor.

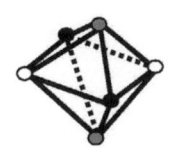

Atividade 9

Qual o mínimo de cores para colorir as arestas de um octaedro, desde que arestas vizinhas não tenham a mesma cor?

Solução: Deixamos para o leitor descobrir. É fácil.

Atividade 10

Qual o mínimo de cores para colorir as faces de um prisma reto triangular desde que faces vizinhas não tenham a mesma cor?

Solução: Quatro cores.

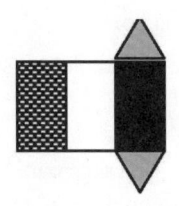

Atividade 11

Mesma questão para colorir os vértices de um prisma reto triangular.

Solução: Três cores; dois vértices de cada cor.

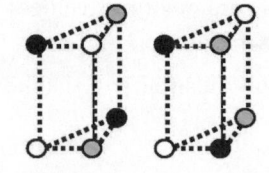

Atividade 12

Mesma questão para colorir as arestas de um prisma reto triangular.

Solução: Convidamos o leitor para solucioná-la.

CAPÍTULO 5
CONSTRUINDO CUBOS E PARALELEPÍPEDOS COM CUBOS COLORIDOS

A – INTRODUÇÃO

Será necessário que se tenha disponível os 10 cubos diferentes com coloração completa de duas cores. Recomendamos empregar cubos de madeira com aresta de 3 cm, bem lixados para ficarem bem lisos, e pintados com as cores azul e vermelho (preto e cinza no texto), usando tinta plástica. No uso em sala de aula, seriam convenientes vários conjuntos, pelo menos um para cada grupo de alunos realizarem suas tarefas sobre mesas de estudo em grupo. Neste caso, os cubos seriam confeccionados por alguma carpintaria, asseguramos a um pequeno custo para 500 ou até milhares, e posteriormente pintados pelo professor com a colaboração de alunos. Contudo, abaixo relacionamos as planificações novamente dos 10 padrões com duas cores, na hipótese da construção dos cubos em cartolina:

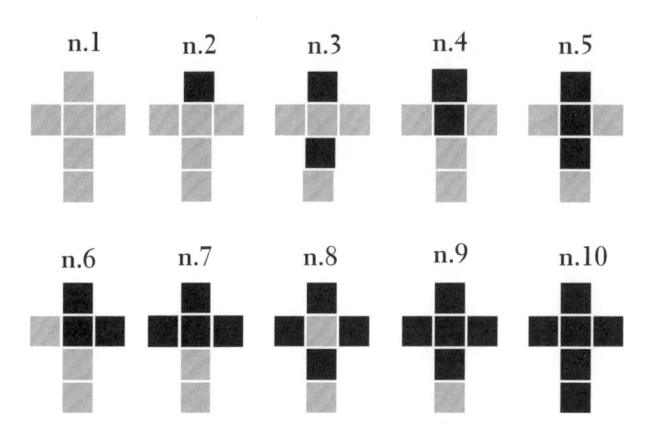

Num segundo grupo de atividades, cuidamos de construções com cubos monocoloridos, quando inserimos, além de um problema simples introdutório, dois problemas especiais, de construção de cubos triplos: *Problema de Trigg* e *Problema de Conway*; e alguns problemas de nossa criatividade, tratando de extensões do Problema de Trigg, das quais ressaltamos a formação de um cubo quádruplo.

B – PRIMEIRO GRUPO DE ATIVIDADES: CUBOS DUPLOS

Atividade 1

Usando oito dos 10 cubos, construir um cubo duplo (2X2X2).

O cubo deve ter:

Três faces com a cor azul concorrendo num vértice[5].

Três faces com a cor vermelha concorrendo no vértice oposto.

Oferecemos três soluções:

Solução 1: Sem o n. 1 e o n. 10.

Vértice do triedro vermelho	Face inferior		Face superior		Vértice do triedro azul
	6	3	5	8	
	2	4	7	9	

Disposição das faces V (vermelho) em cinza claro. A (azul) em preto

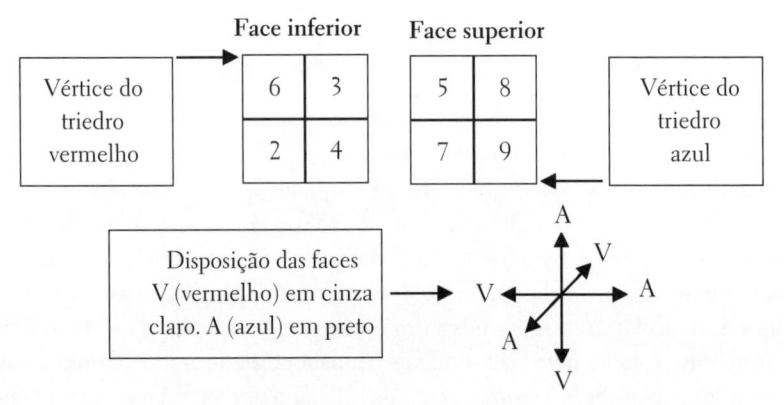

NOTA: Na indicação acima da solução, o leitor precisará acertar as disposições de cada cubo componente sem tirá-lo do vértice correspondente.

Solução 2: sem o n. 1 e o n. 7.

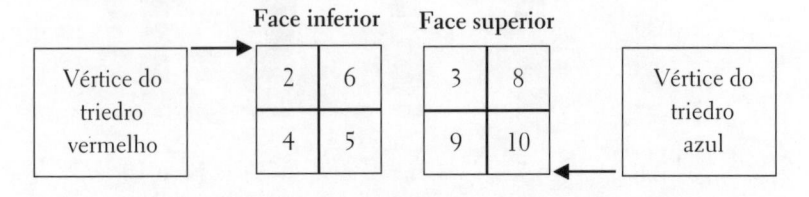

Vértice do triedro vermelho	Face inferior		Face superior		Vértice do triedro azul
	2	6	3	8	
	4	5	9	10	

Solução 3: Sem o n. 5 e n. 9.

Face inferior		Face superior	
1	3	2	6
7	4	8	10

---

[5] Triedro azul e o oposto triedro vermelho

Atividade 2

Usando oito dos 10 cubos, construir um cubo duplo (2X2X2).

O cubo deve ter: três faces com a cor azul e três faces com a cor vermelha, mas sem triedros monocoloridos.

Solução 1: Sem n. 1 e o n. 10.

Face inferior Face superior

8	9
6	7

5	4
3	2

```
        V
        ↑   ↗ V
  A ←---+---→ A
     ↙  ↓
    V   A
```

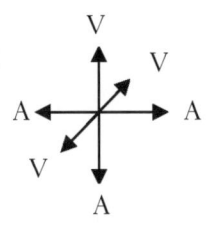

Solução 2: Sem o n. 1 e o n. 10.

Face inferior Face superior

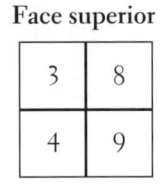

2	5
6	7

3	8
4	9

Igual?

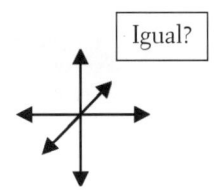

Atividade 3

Construir o duplo cubo (2X2X2) com quatro faces azuis e duas vermelhas.

Solução: Sem o n. 1 e o n. 4.

Face inferior Face superior

3	9
2	7

5	8
6	10

```
        A
        ↑   ↗ A
  V ←---+---→ A
     ↙  ↓
    A   V
```

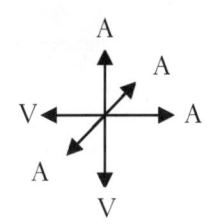

Atividade 4

Construir o duplo cubo (2X2X2) com quatro faces vermelhas e duas azuis.

Solução: Sem o n. 7 e o n.10.

Face inferior Face superior

9	3
8	5

4	1
6	2

```
        V
        ↑   ↗ V
  A ←---+---→ V
     ↙  ↓
    V   A
```

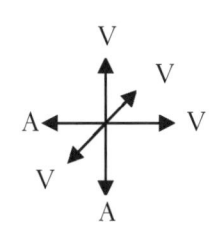

Atividade 5

Construir um cubo duplo usando 10 cubos com as suas faces com um quadrado 2X2 bicolorido em xadrez.

Solução 1: Sem o n. 5 e o n. 8.

Face inferior | Face superior

| 1 | 9 |
| 10 | 4 |

| 7 | 2 |
| 3 | 6 |

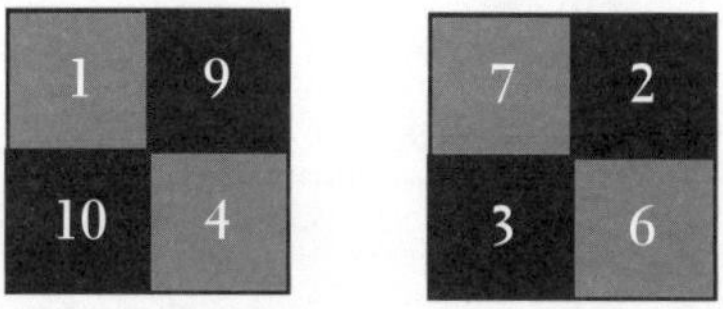

Solução 2: Sem o n. 5 e o n. 10.

Face inferior | Face superior

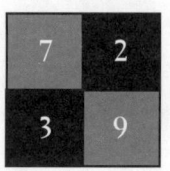

| 1 | 8 |
| 6 | 4 |

| 7 | 2 |
| 3 | 9 |

Atividade 6

Descobrir se é ou não possível construir um cubo duplo com oito dos cubos de tal forma que tenha:

a) cinco faces vermelhas e uma azul;

b) cinco faces azuis e uma vermelha.

Situação 1A 5V:

A peça n. 10 (todas as faces azuis) não é possível ser colocada, porque em qualquer lugar ela terá para o exterior três faces azuis. A peça n. 9 (cinco faces azuis e uma vermelha) é impossível de se usar, porque:

a) em alguma posição ela terá três faces azuis para o exterior;

b) em outras, duas azuis e uma vermelha ficarão para o exterior.

A peça n. 7 (quatro azuis e duas vermelhas opostas) sempre teria duas faces azuis para o exterior. Essa argumentação conduz à conclusão parcial de que três cubos não podem ser usados; portanto, teríamos apenas sete disponíveis, mas o cubo precisa de oito peças.

Situação 5A 1V:

Trocando em toda argumentação anterior A com V teremos de eliminar os cubos n. 1, n. 2 e n. 4, de onde segue conclusão idêntica.

C – SEGUNDO GRUPO: CUBOS MONOCOLORIDOS

Atividade 1

Situação: São dados 27 cubos monocoloridos: nove azuis, nove brancos e nove cinzas.

Problema: Construir um cubo triplo (3X3X3) de tal forma que duas faces sejam monocoloridas e quatro sejam tricoloridas.

Solução:

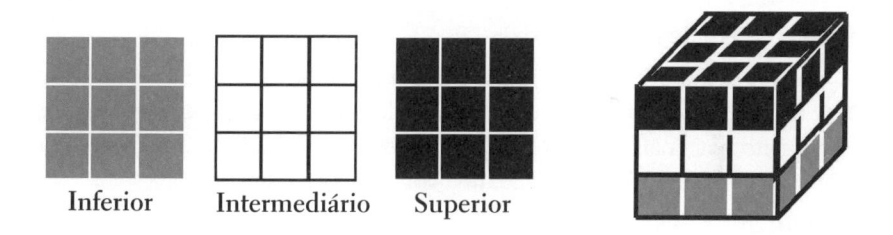

Inferior   Intermediário   Superior

NOTA: Existem mais duas soluções trocando-se a ordem das cores nos níveis.

Atividade 2: Problema de Trigg[6] (agora construído com cores bem brasileiras).

Situação: São dados 27 cubos monocoloridos, sendo nove azuis, nove verdes e nove amarelos (no texto, respectivamente: pretos, cinzas e brancos).

Problema: Formar um cubo triplo (3X3X3) com todas 27 filas ortogonais, divididas em 3 conjuntos de 9 paralelas a alguma direção de aresta do cubo, de tal maneira que cada fila possua 3 pequenos cubos com cores diferentes.

---

[6] Publicado por Charles W. Trigg no *Mathematics Magazine*, em 1966. Reitor e professor emérito do Los Angeles City College, autor de *Mathematical Quickies*, Mc Graw, 1967 (Dover, 1985).

Nove filas de três cubos

Nove filas de três cubos

Nove filas de três cubos

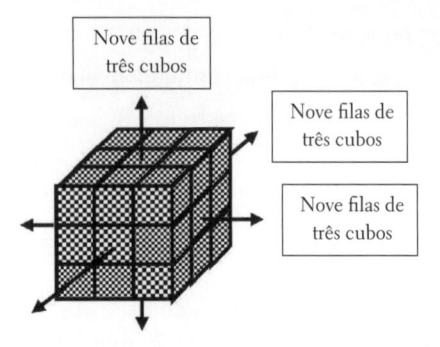

Solução:

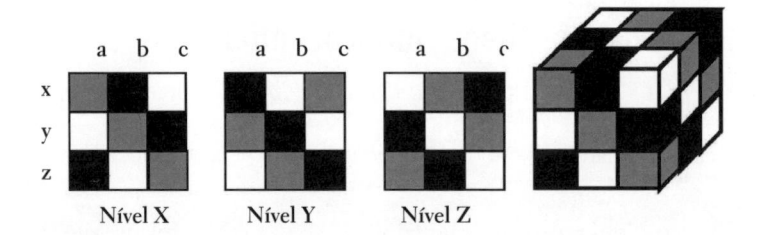

Nível X   Nível Y   Nível Z

NOTA: Os níveis X, Y e Z podem ser de nível inferior, médio ou superior, mas não necessariamente nessa ordem, havendo outras soluções. Por sua vez, são possíveis outras soluções trocando as faixas a, b e c ou x, y e z.

Atividade 3: Problema de Conway[7]

Com os 27 cubos monocoloridos construir um cubo triplo de tal forma que as 49 filas de três cubos (27 ortogonais do Problema de Trigg, 18 diagonais dos "quadrados" 3X3 e quatro diagonais do cubo triplo) não sejam monocoloridas nem tricoloridas (portanto sejam bicoloridas: duas de uma cor e uma de outra).

Solução:

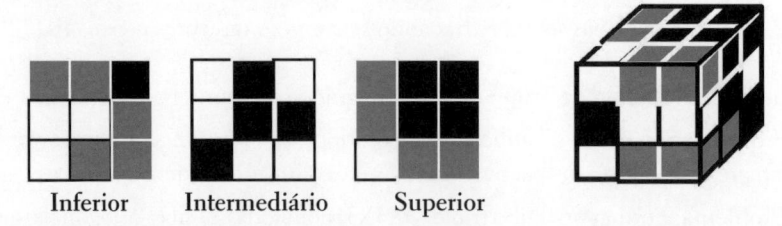

Inferior   Intermediário   Superior

Como as do mesmo nível são fáceis de se verificar (são oito em cada nível), vamos apenas conferir algumas outras filas:

---

[7] John Horton Conway, nascido em Liverpool, Inglaterra, em 26/12/1937, autor de 10 livros e centenas de artigos, trabalhou em Princeton e na Cambridge University.

a) vertical de cubos do canto esquerdo da frente: branco, preto e branco;

b) vertical central: preto, preto e branco;

c) vertical do canto direito da frente: cinza, branco e cinza;

d) diagonal do cubo do vértice superior esquerdo de trás ao vértice oposto (da frente): cinza, preto e cinza.

Observação: Em sala de aula, é interessante conferir todas as filas para o desenvolvimento da percepção espacial do aluno.

Atividade 4: Primeira extensão do Problema de Trigg

Situação: São dados 36 cubos de quatro cores, monocoloridos.

Problema: Formar um paralelepípedo reto (4X3X3), com dois conjuntos de 12 filas de paralelas a duas arestas e nove filas de paralelas a uma terceira aresta com quatro cubos; desde que todas as filas sejam compostas de cubos com cores diferentes.

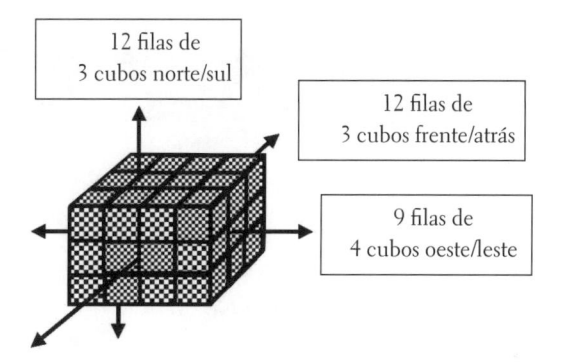

Solução:

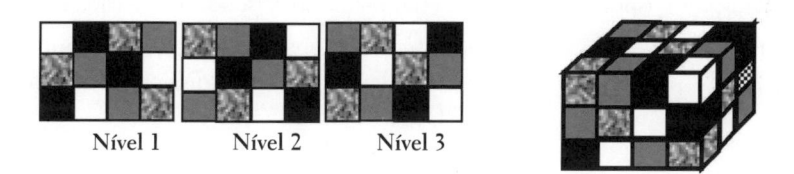

Nível 1   Nível 2   Nível 3

Observação: Outras soluções podem ser obtidas com outras ordens dos níveis, permutando os "quadrados" verticais 3x3 ou ainda os "retângulos" verticais 4x3.

NOTA: Criado e resolvido às 18h 12min de 07/05/06.

Atividade 5: Segunda extensão do Problema de Trigg

Situação: Temos 48 cubos monocoloridos, sendo 12 de cada cor.

Problema: Formar um paralelepípedo reto quadrangular 4X4X3 com três conjuntos de 12 filas paralelas a três arestas; desde que todas filas sejam compostas de cubos com cores diferentes.

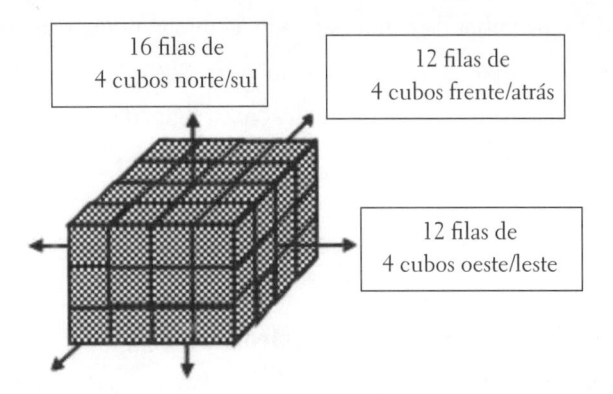

16 filas de
4 cubos norte/sul

12 filas de
4 cubos frente/atrás

12 filas de
4 cubos oeste/leste

Solução:

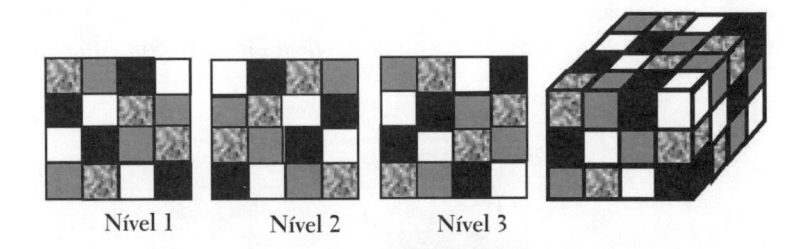

Nível 1   Nível 2   Nível 3

Observação: Outras soluções podem ser obtidas com novas ordens dos níveis ou permutando os paralelepípedos verticais 4x3x1.

NOTA: Criado e resolvido às 22h 16min de 07/05/06.

Atividade 6: Terceira extensão do Problema de Trigg

Situação: Dispomos de 50 cubos monocoloridos, sendo 10 de cada cor.

Problema: Formar um paralelepípedo reto quadrangular 5X5X2, com três conjuntos de filas paralelas a arestas do paralelepípedo, sendo dois conjuntos de dez filas pentacoloridas e um conjunto de 25 filas bicoloridas.

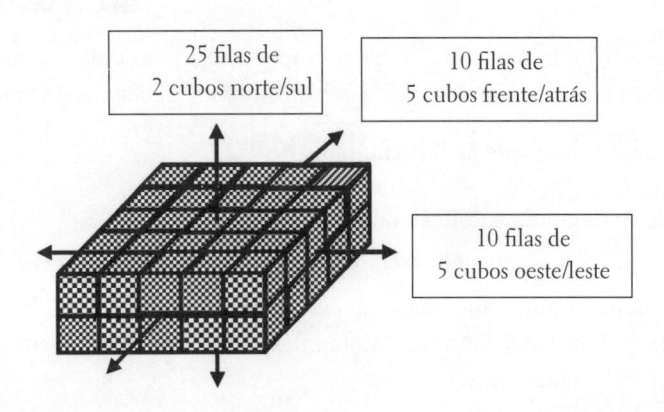

25 filas de
2 cubos norte/sul

10 filas de
5 cubos frente/atrás

10 filas de
5 cubos oeste/leste

Solução:

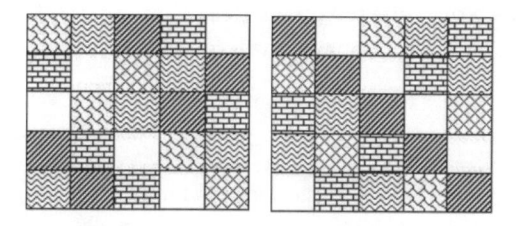

Observação: Esse problema é de fácil resolução; criamo-lo e encontramos muitas soluções. Contudo, é bom lembrar que trocar a ordem dos níveis não fornece novas soluções; para encontrar outras, basta permutar os paralelepípedos 5x2x1.

Atividade 7: Extensão principal do Problema de Trigg

Situação: São dados 64 cubos monocoloridos de quatro cores.

Problema: Construir um grande cubo quádruplo (4X4X4), com três conjuntos de 16 filas paralelas a alguma aresta do cubo, todas as 48 filas tetracoloridas.

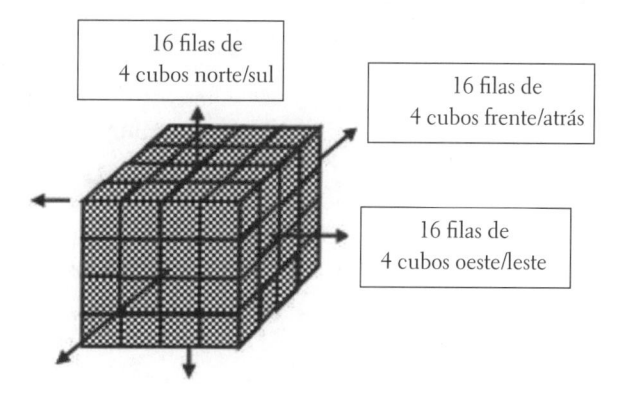

Solução:

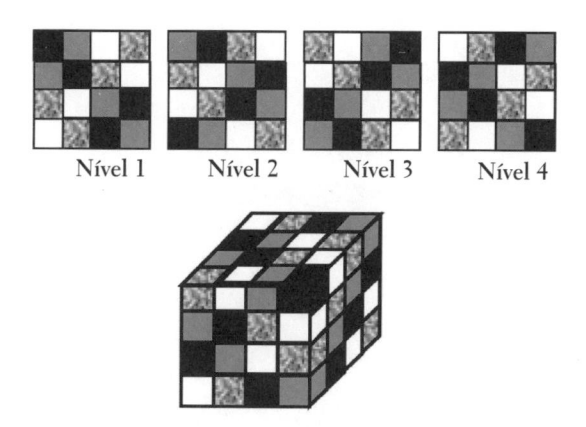

Nível 1   Nível 2   Nível 3   Nível 4

NOTA: Criamos esse problema na tentativa de descobrir uma extensão perfeita para cubo do Problema de Trigg, que felizmente resolvemos em 07/05/06. É óbvio que existem outras soluções com ordenações diferentes dos níveis ou permutando os paralelepípedos 4x4x1.

COMENTÁRIO

Várias das atividades estudadas neste capítulo foram colocadas em prática numa oficina pedagógica com um grupo de professores-alunos de um curso de especialização de Psicologia e com um grupo de alunos de licenciatura em Matemática. Em ambas tivemos participação ativa em trabalhos em grupo, digna de ser mencionada, de quase a totalidade dos alunos; e várias soluções foram descobertas.

Dois professores posteriormente entraram em contato conosco narrando suas experiências em sala de aula, um com turma do Ensino Médio e sua colega com turma da 8ª série do Ensino Fundamental, esta tendo construído materiais individuais.

> Tudo cresce gradativamente, nada aos saltos; assim como a aprendizagem se faz por uma sucessão gradativa de estudos, e não de uma só vez.

TERCEIRA PARTE

BRINCANDO E APRENDENDO COM ALGARISMOS E NÚMEROS

> O Desejo, como a Esperança, são duas forças necessárias e propulsoras para aprendizagem eficiente.

CAPÍTULO 6
ALGARISMANIA

INTRODUÇÃO

Neste capítulo iniciamos brincando com algarismos, recorrendo a uma recreação matemática já clássica como recurso gerador de motivação. Usaremos cálculos numéricos realizados com números dados por algarismos iguais. Assim, exemplificando, se operarmos com seis 6, todos os cálculos devem ser feitos só com seis algarismos 6, buscando obter resultados 0, 1, 2, 3... As operações empregadas podem ou não ser fixadas dependendo do conhecimento do calculista ou do aluno. Denominamos essa recreação de *Algarismania*.

Empregaremos, para começar, quatro algarismos 4, conforme temos agido em módulos de cursos de pós-graduação e oficinas pedagógicas para professores de Matemática, Educação e Psicologia; ou mesmo, nos últimos anos, a alunos de licenciatura em Matemática[8], aos quais agradecemos pela colaboração no decorrer da aprendizagem correspondente e pelas observações realizadas na gestão direta em sala de aula com alunos do Ensino Fundamental ou Médio.

A VELHINHA DOS QUATRO-QUATROS

Ao começar a aula, sento-me próximo aos alunos.

Conto-lhes pausadamente (criando suspense) a seguinte história, agora incrementada para que possa ser alterada facilmente. Os ouvintes, professores ou licenciandos, logo dela participam.

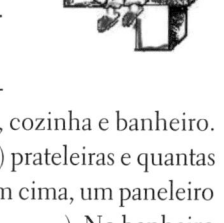

Uma senhora, bem velhinha, residia na rua 4, n. 4444, esquina com a avenida 4. Sua casa tinha quatro cômodos: sala, quarto, cozinha e banheiro. Na sala havia uma mesa com quatro pés, uma estante com (_____) prateleiras e quantas cadeiras? (_____). Na cozinha via-se um fogão de (_____) bocas, em cima, um paneleiro com (_____) panelas, mesinha e banquinhos com quantos pés? (_____). No banheiro estavam (_____) peças: o "box", o vaso e a pia com um pequeno armário.

---

[8] Disciplina Laboratório Dinâmico de Atividades/ IMESC.

Na parede da sala e na do quarto quadros enfeitavam graciosamente: na da sala saltava à vista uma estrela com os (_____) pontos cardeais: norte, leste, (_____) e (_____); enquanto na do quarto um velho e empoeirado quadro mostrava simbolicamente as (_____) fases da lua: minguante, nova, (_____) e (_____). No banheiro um painel azulejado representava as (_____) estações do ano; primavera, verão, (_____) e (_____).

Ela tinha quatro filhos casados e, portanto, (_____) noras; cada casal tinha um filho; logo, eram (_____) netos. Os filhos gostavam de jogar baralho, que tem os naipes: ouro, espada, (_____) e (_____); portanto, quantos naipes? (_____). As noras e os netos, todas as quartas-feiras, procuravam no quintal trevos de (_____) folhas.

Vivendo nesse ambiente onde predominava presença do número quatro, foi a senhora, conhecida por Dona Tetra, influenciada em sua psique dia e noite por este número. Certa ocasião resolveu levantar-se mais cedo e escrever o seu sonho: fazer cálculos com quatro-quatros. Calculou o zero da seguinte maneira (que escrevo no quadro):

$4 + 4 - 4 - 4 = 0$

E também:

$4 \times 4 - 4 \times 4 = 0$

$(4 - 4) \times (4 + 4) = 0$

$4^4 - 4^4 = 0$

Quatro segundos depois já havia calculado o número um:

$4 : 4 + 4 - 4 = 1$

$(4 + 4) : (4 + 4) = 1$

$44 : 44 = 1$

$(4 + 4)^{4-4} = 1$

Porém, para calcular o número dois demorou quatro minutos:

$4 - (4 + 4) : 4 = 2$

Vocês saberiam fazer outros cálculos de resultado 2? (Surgem rapidamente várias soluções, as quais peço que escrevam no quadro.)

$4 : 4 + 4 : 4 = 2$

$(4 \times 4) : (4 + 4) = 2$

$4 : ((4 + 4) : 4) = 2$

Para obter o resultado 3 ela demorou quatro horas. Como será que fez?

Mas não conseguia obter justamente o 4 com quatro-quatros. Já se passavam quatro dias quando descobriu. Vamos tentar? (Quem obtiver a solução poderá vir ao quadro colocá-la; e se outra, mas diferente, for obtida também mostrá-la, para que possamos verificar e comentar se for necessário, por causa, por exemplo, de alguma má disposição de sinais de operação ou de reunião.)

Que pena, coitadinha, não sabia calcular o 5 com quatro-quatros; e eram decorridos quatro meses!! Dona Tetra adoeceu. Chamaram um médico, especialista em Algarismania. Ela estava febril, sua temperatura era de 44°. O Dr. Algarismo resolveu aplicar um tratamento de choque, desviando a sua atenção, pois havia percebido que a velhinha estava com o vírus de uma doença contagiosa, a tetramania-quatro:

– Para a senhora sarar, Dona Tetra, precisa calcular com cinco algarismos 5 o resultado 5.

– O doutor está pensando que me engana, é fácil – e deu a solução [qual foi?]. Mas e o senhor? Saberia com cinco algarismos 5 calcular o 0, o 1 e o 2?

– Claro! (Havia aprendido com uma paciente que tinha vírus de pentamania-cinco.):

$(5 - 5) \times 5 + 5 - 5 = 0$

$(5 - 5) : 5 + 5 : 5 = 1$

$(5 + 5) : 5 + 5 - 5 = 2$

– Está bem, eu deixo a mania dos meus queridos quatrinhos se o doutor calcular:

a) com quatro algarismos 4: o número 5, o 6, o 7, o 8, o 9 e o 10;

b) com cinco algarismos 5: o número 4, mas de quatro maneiras.

Vamos ajudar o doutor a curar a velhinha?

Para uma aprendizagem eficiente e com significado, eu aproveitava para utilizar a ajuda em tarefa extraclasse, acrescida de trabalhos em grupo para organização e redação de historinhas, com a mesma finalidade para cálculos numéricos, usando: seis algarismos 6, sete algarismos 7, etc. O mesmo procedimento poderá ser empregado com sucesso para turmas do Ensino Fundamental ou Médio.

NOTA: Respostas e outros resultados no fim do capítulo; mas divirta-se primeiro. Cuidado, é bem possível ficar contaminado com algum vírus dessa família contagiosa mas geradora de conhecimentos!

COMENTÁRIO

Dissemos que as operações permitidas são fixadas pelo professor em função do estágio de informações e conhecimentos da classe, quer seja com o objetivo de fixação, quer seja de introdução de novos conceitos e propriedades.

O leitor observará que até o número 10 é possível obter soluções só com as "operações" dadas por +, –, : e x e uso dos sinais de reunião ( ). Entretanto, poderão alguns ser obtidos com potências, em particular as de base igual à unidade, e outros com o expoente igual a zero. Também a introdução da raiz quadrada deve ser ressaltada, lembrando que não é de uso o índice do radical, o que não acontece para raízes cúbicas, quartas, etc.

É curioso observar que algumas soluções empregam dois algarismos 4 juntos, formando o número 44, as quais constituem motivo de espanto de vários alunos. Da mesma maneira, vários cálculos, principalmente para obtenção de números maiores que 10, necessitam o emprego do símbolo indicativo de fatorial: n! = n(n – 1)(n – 2). ... 3.2.1, usado em 4! = 4.3.2.1 = 24.

Não empregamos, mas seria adequado usar em outros cálculos a função indicada por [x] que assume o valor maior inteiro contido em x; por exemplo [√√4] = 1, sendo √√4 = √2 ≈ 1,414, [√2 / 2] = 0 e [3] = 3.

MATEMÁTICA SUBJACENTE AO NÍVEL MÉDIO

Além da matemática inerente a cada cálculo, existe uma fórmula geral. Na obra Algebra Recreativa (PERELMAN, 1969), traduzida para o espanhol, o autor narra que em Odessa (uma cidade da Ucrania, próxima ao Mar Negro), durante a realização de uma reunião, foi proposto como passa-tempo recreativo que, usando exatamente três algarismos 2, se obtivesse qualquer número inteiro positivo. Para o problema, forneceu a fórmula:

$$N = -\log_2 \log_2 \sqrt{\sqrt{\ldots\ldots\sqrt{\sqrt{2}}}} \quad \text{(com N radicais, mas só três 2)}$$

Assim, desejando obter 19, por exemplo, bastaria calcular:

$$-\log_2 \log_2 \sqrt{\sqrt{\ldots\ldots\sqrt{\sqrt{2}}}} \quad \text{com 19 radicais.}$$

Para o nosso caso, a fórmula de Perelman pode ser transformada para quatro-quatros, trocando N por 4N e 2 por √4:

$$4N = -\log_{\sqrt{4}} \log_{\sqrt{4}} \sqrt{\sqrt{\ldots\ldots\sqrt{\sqrt{4}}}}$$

Porém, com 4N+1 radicais, desde que acrescentamos mais um radical de √4, tem-se a fórmula:

$$N = -\frac{1}{4}\log_{\sqrt{4}} \log_{\sqrt{4}} \sqrt{\sqrt{\ldots\ldots\sqrt{\sqrt{4}}}}$$

Ilustração para obter o número 37:

$$-\frac{1}{4}\log_{\sqrt{4}} \log_{\sqrt{4}} \sqrt{\sqrt{\ldots\ldots\sqrt{\sqrt{4}}}} \quad \text{com 149 radicais}$$

$$= -\frac{1}{4}\log_2 \log_2 2^{\left(\frac{1}{2}\right)^{148}} = -\frac{1}{4}\log_2 \log_2 2^{-148}$$

$$= -\frac{1}{4}\log_2 2^{-148} = -\frac{1}{4}(-148) = 37$$

Que tal usá-la para obter o número 39?

O SENHOR BISOITO, NÃO BISCOITO

Oferecemos mais uma historieta[9] com cálculos só com +, −, : e x.

Estava eu entretido com meus estudos quando recebi uma gentil carta de um senhor que usava o pseudônimo Bisoito, vejam bem, BISOITO, não BISCOITO!

Narrava-me que não havia nada de mais no fato de a velhinha, Dona Tetra, gostar de quatros, pois com ele era "oito ou oitenta"! Tudo começara quando era ainda menino: ao ler um almanaque, encontrou a questão "Com oito algarismos 8 obter 1000"; cuja solução é dada por 888 + 88 + 8 + 8 + 8.

Na época estava iniciando-se nos primeiros cálculos, e então obteve com oito algarismos 8 os números de 0 a 10:

a) $8 + 8 + 8 + 8 - 8 - 8 - 8 - 8 = 0$
b) $8 : 8 + 8 - 8 + 8 - 8 + 8 - 8 = 1$
c) $8 : 8 + 8 : 8 + 8 - 8 + 8 - 8 = 2$
d) $8 : 8 + 8 : 8 + 8 : 8 + 8 - 8 = 3$
e) $8 : 8 + 8 : 8 + 8 : 8 + 8 : 8 = 4$
f) $(8 + 8 + 8 + 8 + 8) : 8 + 8 - 8 = 5$
g) $(8 + 8 + 8 + 8 + 8) : 8 + 8 : 8 = 6$
h) $(8 + 8 + 8 + 8 + 8 + 8 + 8) : 8 = 7$
i) $8 + (8 - 8 + 8 - 8 + 8 - 8) \times 8 = 8$
j) $8 + 8 : 8 + (8 - 8) \times (8 + 8 + 8) = 9$
k) $8 + 8 : 8 + 8 : 8 + (8 - 8) : 8 = 10$

Contou-me também o Dr. Bisoito que, na época, com sua família houve verdadeira epidemia de algarismania, todos queriam obter novos resultados utilizando oito algarismos 8.

Seu pai, Dr. Octis, obteve todos os números até 20, e seu avô, que era octogenário, de 21 a 30, seu tio Octo, até 40, e sua mãe, já oitentona, elevou os resultados até 50.

Porém, atualmente, se reúnem nos intervalos das novelas, ele, sua esposa e seus filhos, tentando repetir os cálculos. Infelizmente, não conseguiram obter todos.

Fiquei preocupado com a família do missivista, pois se mania de algarismos é contagiosa, poderia o vírus causador da octomania propagar-se com rapidez incrível, ainda que tenha seus efeitos colaterais maravilhosos. Funciona como terapia corretiva para fixação de conceitos e suas extensões, estimulando a criatividade e despertando interesses pela matemática e estudos em geral.

Respondi há oito dias, mandando-lhe as soluções até 70. Será que a carta trouxe o vírus?!

---

[9] Publicada numa versão parecida do Diário de Rio Claro, em 19 de julho de 1987, por ocasião de meu trabalho no IGCE/UNESP na qualidade de professor convidado colaborador.

Mas qual não foi meu espanto ao receber nova carta de seu Bisoito, agora agradecendo a colaboração, enviando-nos de presente, em anexo, soluções até 80, que família, reunida no domingo anterior, dia 8 de agosto, iniciando às oito horas da manhã, demorara apenas oito horas, oito minutos e oito segundos, já descontados 8.888 segundos para refeições.

NOTA: Ao final do capítulo oferecemos também a lista de soluções de 11 até......! Mas analogamente à brincadeira dos quatro 4, pedimos licença para sugerir que procurem encontrar as suas próprias soluções.

MANIA DOS SEIS 6

A seguir são dadas soluções (apenas uma de cada) para obtenção de 0 a 10 utilizando seis algarismos 6:

$6 - 6 + 6 - 6 + 6 - 6 = 0$

$6 : 6 + 6 - 6 + 6 - 6 = 1$

$6 : 6 + 6 : 6 + 6 - 6 = 2$

$6 : 6 + 6 : 6 + 6 : 6 = 3$

$(6 + 6) : 6 + (6 + 6) : 6 = 4$

$6 - 6 : 6 + (6 - 6) \times 6 = 5$

$6 + 6 - 6 + (6 - 6) \times 6 = 6$

$6 + 6 : 6 + (6 - 6) \times 6 = 7$

$6 + (6 + 6) : 6 + 6 - 6 = 8$

$6 + 6 - (6 + 6 + 6) : 6 = 9$

$6 + (6 + 6 + 6 + 6) : 6 = 10$

MANIA DOS SETE 7

$7 - 7 + 7 - 7 + (7 - 7) \times 7 = 0$

$7 : 7 + 7 - 7 + (7 - 7) \times 7 = 1$

$7 : 7 + 7 : 7 + (7 - 7) \times 7 = 2$

$(7 + 7 + 7) : 7 + (7 - 7) \times 7 = 3$

$(7 + 7 + 7 + 7) : 7 + 7 - 7 = 4$

$(7 + 7 + 7) : 7 + 7 : 7 = 5$

$(7 + 7 + 7 + 7 + 7) : 7 = 6$

$7 + 7 - 7 + 7 - 7 + 7 - 7 = 7$

$7 + 7 : 7 + 7 - 7 + 7 - 7 = 8$

$7 + 7 : 7 + 7 : 7 + 7 - 7 = 9$
$7 + 7 : 7 + 7 : 7 + 7 : 7 = 10$

MANIA DOS NOVE 9

$(9 + 9 + 9 + 9 - 9 - 9 - 9 - 9) \times 9 = 0$
$9 : 9 + (9 + 9 + 9 - 9 - 9 - 9) \times 9 = 1$
$9 : 9 + 9 : 9 + (9 + 9 - 9 - 9) \times 9 = 2$
$9 : 9 + 9 : 9 + 9 : 9 + (9 - 9) \times 9 = 3$
$(9 + 9 + 9 + 9) : 9 + 9 + 9 - 9 - 9 = 4$
$(9 + 9 + 9 + 9 + 9) : 9 + (9 - 9) \times 9 = 5$
etc.

OUTRAS "BOAS MANIAS" COM ALGARISMOS IGUAIS

a) Obter o zero com três algarismos iguais

$0 + 0 + 0 = 0$
$1 \times (1 - 1) = 0$
$2 \times (2 - 2) = 0$

b) Obter o número um com três algarismos iguais

$0! + 0 + 0 = 1$
$1 + 1 - 1 = 1$
$2^{2-2} = 1$
$3^{3-3} = 1$

Nota: Usamos a extensão $0! = 1$, que se justifica com a recorrente do fatorial $n! = (n - 1)! \, n$ (para $n > 2$); sendo que para $n = 2$ teremos $2! = 1! \, 2$, ou convém tomar $1! = 1$; e para $n = 1$ a recorrente daria $1! = 0! \, 1$, onde é preciso aceitar $0! = 1$.

Essa situação é análoga àquela da potência de expoente um ou zero.

c) Obter o número 2

$0! + 0! + 0 = 2$
$(1 + 1) \times 1 = 2$
$(2 + 2) : 2 = 2$ ou $2^2 : 2 = 2$
$(3 + 3) : 3 = 2$

Nota: Observar a lei de formação $(x + x) : x$.

d) Obter o número 3

$0! + 0! + 0! = 3$

$1 + 1 + 1 = 3$

$2 + 2 : 2 = 3$

$3 + 3 - 3 = 3$

$4 - 4 : 4 = 3$

$[\sqrt{5}] + 5 : 5 = 3$

$6 - 6 : [\sqrt{6}] = 3$ ou $[\sqrt{6}] + 6 : 6 = 3$

$[\sqrt{7}] + 7 : 7 = 3$

$[\sqrt{8}] + 8 : 8 = 3$

$9 - 9 + \sqrt{9} = 3$

e) Obter o número 4

$(\sqrt{2})^2 + 2 = 4$

$3 + 3 : 3 = 4$ ou $(3! + 3!) : 3 = 4$

$4 + 4 - 4 = 4$

$5 - 5 : 5 = 4$

$[\sqrt{(6 + 6 + 6)}] = 4$

$7 - [\sqrt{(7 + 7)}] = 4$ ou $[\sqrt{(7 + 7 + 7)}] = 4$

$8 - \sqrt{(8 + 8)} = 4$ ou $[\sqrt{(8 + 8 + 8)}] = 4$

$\sqrt{9} + 9 : 9 = 4$

f) Obter o número 5

$2 \times 2 + [\sqrt{2}] = 5$

$3 + [\sqrt{3}] + [\sqrt{3}] = 5$

$4 + 4 : 4 = 5$

$5 + 5 - 5 = 5$

$6 - 6 : 6 = 5$

$[\sqrt{(7 + 7)}] + [\sqrt{7}] = 5$

$(8 + [\sqrt{8}]) : [\sqrt{8}] = 5$

$9 - \sqrt{9} - [\sqrt{\sqrt{9}}] = 5$

Nota: Não conseguimos obter o 4 e o 5 com três algarismos 0 nem com três algarismos 1. Comunique se descobrir.

g) Obter o número 6

$(0! + 0! + 0!)! = 6$

$(1 + 1 + 1)! = 6$

$2 + 2 + 2$ ou $2 \times 2 + 2 = 6$

$3 \times 3 - 3 = 6$ ou $3 + \sqrt{3} \times \sqrt{3} = 6$

$\sqrt{4} + \sqrt{4} + \sqrt{4} = 6$ ou $4 + 4 - \sqrt{4} = 6$

$5 + 5 : 5 = 6$ ou $[\sqrt{(5+5)}] \times [\sqrt{5}] = 6$

$6 + 6 - 6 = 6$ ou $6^{6:6} = 6$

$7 - 7 : 7 = 6$

$8 - \sqrt{\sqrt{(8+8)}} = 6$

$(9 + 9) : \sqrt{9} = 6$

h) Obter o número 7

$3 + 3 + [\sqrt{3}] = 7$

$4 + \sqrt{4} + [\sqrt{\sqrt{4}}] = 7$

$5 + [\sqrt{\sqrt{5}}] + [\sqrt{\sqrt{5}}] = 7$

$6 + 6 : 6 = 7$

$7 + 7 - 7 = 7$

$8 - 8 : 8 = 7$

$9 - [\sqrt{\sqrt{9}}] - [\sqrt{\sqrt{9}}] = 7$

i) Obter o número 8

$(2 + 2) \times 2 = 8$

$3! + [\sqrt{3}] + [\sqrt{3}] = 8$

$\sqrt{4} \times \sqrt{4} \times \sqrt{4} = 8$

$5 + 5 - [\sqrt{5}] = 8$

$[\sqrt{6}] \cdot [\sqrt{6}] \cdot [\sqrt{6}] = 8$

$7 + 7 : 7 = 8$

$8 + 8 - 8 = 8$

$9 - 9 : 9 = 8$

j) Obter o número 9

$3^3 : 3 = 9$

$4 + 4 + [\sqrt{\sqrt{4}}] = 9$

$5 + 5 - [\sqrt{\sqrt{5}}] = 9$

$[\sqrt{(6+6)}]^{[\sqrt{6}]} = 9$

$[\sqrt{(7+7)}]^{[\sqrt{7}]} = 9$

$8 + 8 : 8 = 9$

$9 + 9 - 9$ ou $9^{9:9} = 9$

VAMOS TRABALHAR COM QUATRO 2?

$2 + 2 - 2 - 2 = 0$ ou $(2 + 2) \times (2 - 2) = 0$ ou $2 \times 2 - 2 \times 2 = 0$

$2 : 2 + 2 - 2 = 1$ ou $(2 + 2) : (2 + 2) = 1$ ou $2^2 : 2^2 = 1$ ou $(2 + 2)^{2-2} = 1$

$2 : 2 + 2 : 2 = 2$ ou $2 + (2 - 2) \times 2 = 2$ ou $= 2^{(2 : 2)}$

$2 \times 2 - 2 : 2 = 3$ ou $(2 + 2 + 2) : 2 = 3$ ou $(2 \times 2 + 2) : 2 = 3$

$2 + 2 + 2 - 2 = 4$ ou $2 \times 2 + 2 - 2 = 4$ ou $(2 \times 2 \times 2) : 2 = 4$

$2 + 2 + 2 : 2 = 5$ ou $2 \times 2 + 2 : 2 = 5$ ou $2 + 2 + 2 - [\sqrt{2}] = 5$

$2 \times 2 \times 2 - 2 = 6$ ou $(2 + 2) \times 2 - 2 = 6$ ou $((2 + 2)! : 2) : 2 = 6$

$2 \times 2 \times 2 - [\sqrt{2}] = 7$ ou $2 + 2 + 2 + [\sqrt{2}] = 7$ ou $2^2 \times 2 - [\sqrt{2}] = 7$

$2 + 2 + 2 + 2 = 8$ ou $2 \times 2 + 2 \times 2 = 8$ ou $2 \times 2 + 2 + 2 = 8$

$22 : 2 - 2 = 9$ ou $(2 + 2 : 2)^2 = 9$ ou $2 \times 2 \times 2 + [\sqrt{2}] = 9$

$2 \times 2 \times 2 + 2 = 10$ ou $(22 - 2) : 2 = 10$ ou $(2 + 2)! : 2 - 2 = 10$

Que tal pedir aos alunos para tentar ampliar a lista?

Não poderíamos deixar de concluir este capítulo com curiosidades para os anos 2006, 2007, 2008, 2009 e 2010.

Usando seus algarismos o mesmo número de vezes utilizadas para compor o número do ano, descobrir cálculos que forneçam respectivamente os números 0, 1, 2, 3, 4... 10!

RESPOSTAS, SOLUÇÕES E OUTROS CÁLCULOS

a) Da história da velhinha

Cálculos iguais a 3 com quatro-quatros:

$(4 + 4 + 4) : 4 = 3$

$4 - (4 : 4)^4 = 3$

$(4 \times 4 - 4) : 4 = 3$

$4 - 4^{4-4} = 3$

Cálculos iguais a 4:

$4 + (4 - 4) \times 4 = 4$

$4 - (4 - 4) : 4 = 4$

$4 + (4 - 4) : 4 = 4$

$\sqrt{4} + \sqrt{4} + 4 - 4 = 4$

Iguais a 5:
(4 x 4 + 4) : 4 = 5
$4 + (4 : 4)^4 = 5$
$4 + 4^{4-4} = 5$

Iguais a 6:
(4 + 4) : 4 + 4 = 6
$4 + \sqrt{4} + 4 - 4 = 6$
$4 + 4 - \sqrt{}\sqrt{(4 \times 4)} = 6$

Iguais a 7:
4 + 4 − 4 : 4 = 7
44 : 4 − 4 = 7
$4 + 4 : 4 + \sqrt{4} = 7$

Iguais a 8:
4 + 4 + 4 − 4 = 8
(4 x 4) : 4 + 4 = 8
$4 - 4 + 4 \times \sqrt{4} = 8$
$\sqrt{4} + \sqrt{4} + \sqrt{4} + \sqrt{4} = 8$

Iguais a 9:
4 + 4 + 4 : 4 = 9
$44 : 4 - \sqrt{4} = 9$

Iguais a 10:
(44 − 4) : 4 = 10
$4 + \sqrt{4} + \sqrt{4} + \sqrt{4} = 10$
$(4 \times 4 + 4) : \sqrt{4} = 10$
$4 + \sqrt{4} + \sqrt{(4 \times 4)} = 10$

Cálculos com cinco-cincos:

Resultado 5:
5 + 5 − 5 + 5 − 5 = 5
5 + (5 − 5) x (5 + 5) = 5
$5 - (5 - 5)^{5+5} = 5$

Resultado 4:
5 − 5 : 5 + 5 − 5 = 4
(5 + 5 + 5 + 5) : 5 = 4
$5 - 5^{(5-5) \times 5} = 4$
$(5 + 5 + 5) : 5 + [\sqrt{\sqrt{5}}] = 4$, onde [x] = maior inteiro contido em x
5 − (5 x 5 − (5! : 5)) = 4, onde 5! = 5 x 4 x 3 x 2 x 1 = 120.

b) Apêndice à historieta com resultados até 54[10]

$44 : \sqrt{(4 \times 4)} = 11$	$4 \times 4 + 4 \times 4 = 32$
$\sqrt{(4 \times 4)} + 4 + 4 = 12$	$4! + 4! : 4 + 4 = 34$
$44 : 4 + \sqrt{4} = 13$	$4! + 44 : 4 = 35$
$4 + 4 + 4 + \sqrt{4} = 14$	$44 - 4 - 4 = 36$
$(44 : 4) + 4 = 15$	$(?!) = 37$
$4 + 4 + 4 + 4 = 16$	$44 - 4 - \sqrt{4} = 38$
$4 \times 4 + 4 : 4 = 17$	$(?!) = 39$
$4 \times 4 + 4 : \sqrt{4} = 18$	$44 - \sqrt{4} - \sqrt{4} = 40$
$4! - 4 - 4 : 4 = 19$	$44 - 4 + \sqrt{4} = 42$
$(44 - 4) : \sqrt{4} = 20$	$44 - 4 : 4 = 43$
$4! - 4 + 4 : 4 = 21$	$44 + 4 - 4 = 44$
$(44 : 4) \times \sqrt{4} = 22$	$44 + 4 : 4 = 45$
$4! - 4^{4-4} = 23$	$4! + 44 : \sqrt{4} = 46$
$4 \times 4 + 4 + 4 = 24$	$4! + 4! - 4 : 4 = 47$
$(4 : 4 + 4)^{\sqrt{4}} = 25$	$4! + 4! + 4 - 4 = 48$
$4! + (4 + 4) : 4 = 26$	$4! + 4! + 4 : 4 = 49$
$4! + (4!) : (4 + 4) = 27$	$4! + 4! + 4 - \sqrt{4} = 50$
$4! + 4 + 4 - 4 = 28$	$4! + 4! + \sqrt{4} + \sqrt{4} = 52$
$4! + 4 + 4 : 4 = 29$	$4! + 4! + 4 + [\sqrt{\sqrt{4}}] = 53$
$4! + 4 + 4 : \sqrt{4} = 30$	$4! + 4! + 4 + \sqrt{4} = 54$
$4! + (4! + 4) : 4 = 31$	

Em relação aos possíveis insolúveis fornecemos três deles:

$$(\sqrt{\sqrt{\sqrt{4^{4!}}}} + \sqrt{4}) : \sqrt{4} = 33$$

$$\sqrt{\{[(4\sqrt{4})! + 4!] : 4!\}} = 41$$

$4! + 4! + 4 - [\sqrt{\sqrt{4}}] = 51$, com [ ] = maior inteiro contido.

Infelizmente, não obtivemos o 37 nem o 39, exceto com a fórmula geral. Desde que não estão nos calculados será que Mello e Souza os obteve?

---

[10] Em *Diabruras da Matemática* (1944), o professor J. C. Mello e Souza, que usou em vários livros o pseudônimo Malba Tahan, calculou até 32 e alguns outros; tendo julgado insolúvel obter 33, 41, 51 e 61; contudo, humildemente, esperava que algum calculista fosse mais feliz na busca.

c) Sobre os oito-oitos do senhor Bisoito

$(8 + 8 + 8) : 8 + 8 + (8 - 8) \times 8 = 11$	$8 + 8 + 8 + 8 - 8 : 8 + 8 - 8 = 31$
$(8 + 8 + 8 + 8) : 8 + 8 + 8 - 8 = 12$	$8 + 8 + 8 + 8 + (8 + 8) \times (8 - 8) = 32$
$(8 + 8 + 8 + 8) : 8 + 8 + 8 : 8 = 13$	$8 + 8 + 8 + 8 + 8 : 8 + 8 - 8 = 33$
$(8 + 8 + 8 + 8 + 8 + 8) : 8 + 8 = 14$	$8 + 8 + 8 + 8 + 8 : 8 + 8 : 8 = 34$
$8 + 8 - 8 : 8 + 8 - 8 + 8 - 8 = 15$	$8 + 8 + 8 + 8 + (8 + 8 + 8) : 8 = 35$
$8 + 8 + 8 - 8 + 8 - 8 + 8 - 8 = 16$	$(8 \times 8 + 8) : ((8 + 8) : 8) + 8 - 8 = 36$
$8 + 8 + 8 : 8 + 8 - 8 + 8 - 8 = 17$	$(8 \times 8 + 8) : ((8 + 8) : 8) + 8 : 8 = 37$
$8 + 8 + 8 : 8 + 8 : 8 + 8 - 8 = 18$	$8 + 8 + 8 + 8 - (8 + 8) : 8 = 38$
$8 + 8 + 8 : 8 + 8 : 8 + 8 : 8 = 19$	$(8 - (8 + 8 + 8) : 8) \times 8 - 8 : 8 = 39$
$(8 + 8) : 8 + (8 + 8) : 8 + 8 + 8 = 20$	$8 + 8 + 8 + 8 + 8 + (8 - 8) : 8 = 40$
$(8 + 8 + 8 + 8) : 8 + 8 + 8 = 21$	$(8 + 8) \times (8 + 8) : 8 + 8 + 8 : 8 = 41$
$8 + 8 + 8 - (8 + 8) : 8 + 8 - 8 = 22$	$8 + 8 + 8 + 8 + 8 + (8 + 8) : 8 = 42$
$8 + 8 + 8 - 8 : 8 + (8 - 8) \times 8 = 23$	$(88 - (8 + 8) : 8) : (8 + 8) : 8 = 43$
$8 + 8 + 8 + (8 - 8 + 8 - 8) : 8 = 24$	$(8 \times 8 + 8 + 8) : (8 + 8) : 8 = 44$
$8 + 8 + 8 + 8 : 8 + (8 - 8) \times 8 = 25$	$8 \times 8 - (8 + 8 + 8) : 8 - 8 - 8 = 45$
$8 + 8 + 8 + (8 + 8) : 8 + 8 - 8 = 26$	$8 \times 8 - 8 - 8 - 8 : 8 - 8 : 8 = 46$
$8 + 8 + 8 + 8 : 8 + (8 + 8) : 8 = 27$	$8 + 8 + 8 + 8 + 8 + 8 - 8 : 8 = 47$
$8 + 8 + 8 + (8 + 8 + 8) : 8 = 28$	$8 + 8 + 8 + 8 + 8 + 8 - 8 = 48$
$8 + 8 + 8 + 8 - (8 + 8 + 8) : 8 = 29$	$8 + 8 + 8 + 8 + 8 + 8 + 8 : 8 = 49$
$8 + 8 + 8 + 8 - 8 : 8 - 8 : 8 = 30$	$8 \times 8 + 8 : 8 + 8 : 8 - 8 - 8 = 50$

E até 100 (!!!) sem usar radicais, potências, fatoriais e função maior inteiro contido; o que torna aplicável a qualquer série!

d) Ampliando a lista dos quatro algarismos 2 até 25

$((2 + 2)! - 2) : 2 = 11$	$2 \times 2 \times 2 \times 2 = 16$	$22 - 2 : 2 = 21$
$(2 \times 2 + 2) \times 2 = 12$	$(2 + 2)^2 + [\sqrt{2}] = 17$	$(22 : 2) \times 2 = 22$
$(22 : 2) + 2 = 13$	$(2 + 2)^2 + 2 = 18$	$22 + 2 : 2 = 23$
$(2 + 2)! : 2 + 2 = 14$	$(22 - 2) - [\sqrt{2}] = 19$	$(2 + 2)! + 2 - 2 = 24$
$(2 + 2)^2 - [\sqrt{2}] = 15$	$(2 + 2)! - 2 - 2 = 20$	$(2 + 2)! + 2 : 2 = 25$

e) Os algarismos dos anos 2006, 2007, 2008, 2009 e 2010

2006

$(0 + 0) \times 2 \times 6 = 0$
$6^0 + 2 \times 0 = 1$ ou $2^0 + 0^6 = 1$
$2^0 + 6^0 = 2$
$2 + 0 + 6^0 = 3$ ou $6 : 2 + 0 + 0 = 3$
$6 - 2 + 0 + 0 = 4$
$6 - 2^0 + 0 = 5$
$6 + 2 \times 0 + 0 = 6$ ou $6 : 2^0 + 0 = 6$
$6 + 2^0 + 0 = 7$ ou $6 + 2^{0+0} = 7$
$6 + 2 + 0 + 0 = 8$
$6 + 2 + 0! + 0 = 9$
$6 + 2 + 0! + 0! = 10$

2007

$2 \times 0 \times 0 \times 7 = 0$
$2^0 + 0 \times 7 = 1$
$2^0 + 7^0 = 2$
$7^0 + 2 + 0 = 3$
$[\sqrt{7}] + 2 + 0 + 0 = 4$
$7 - 2 + 0 + 0 = 5$
$7 - 2^0 + 0 = 6$
$7 + 2 \times (0 + 0) = 7$
$7 + 2^0 + 0 = 8$
$7 + 2 + 0 + 0 = 9$
$7 + 2 + 0! + 0 = 10$

2008

$2 \times 0 \times 0 \times 8 = 0$
$2^0 + 0 \times 8 = 1$
$2 + 0 + 0 \times 8 = 2$
$2 + 0! + 0 \times 8 = 3$
$8 : 2 + 0 + 0 = 4$
$8 : 2 + 0! + 0 = 5$
$8 - 0 - 0 - 2 = 6$
$8 - 2^0 + 0 = 7$

$8 + 0 \times 0 \times 2 = 8$

$8 + 2^0 + 0 = 9$

$2 + 0 + 0 + 8 = 10$

2009

$2 \times (0 + 0) \times 9 = 0$

$2^0 + 0 \times 9 = 1$

$2^0 + 9^0 = 2$

$9^0 + 2 + 0 = 3$

$9 - (2 + 0!)! + 0! = 4$

$9 - (2 + 0! + 0!) = 5$

$9 - 2 - 0! + 0 = 6$

$9 - 2 + 0 + 0 = 7$

$9 - 0! + 2 \times 0 = 8$

$9 + 0 \times 0 \times 2 = 9$

$9 + 0 + 2^0 = 10$

2010

$2 \times 0 \times 1 \times 0 = 0$

$2 \times 0 \times 0 + 1 = 1$

$2 + 0 \times 0 \times 1 = 2$

$2 + 0 + 0 + 1 = 3$

$2 + 1 + 0! + 0 = 4$

$2 + 1 + 0! + 0! = 5$

$(2 + 1)! + 0 + 0 = 6$

$(2 + 1)! + 0! + 0 = 7$

$(2 + 1)! + 0! + 0! = 8$

$(1 + 0! + 0!)^2 = 9$

$10 - 9 \times 0 = 10$

> Uma garrafa de vinho meio vazia também está meio cheia; mas uma meia mentira nunca será uma meia verdade.
>
> Cocteau

CAPÍTULO 7
1.000, 100, 99, 1, ETC.!

INTRODUÇÃO

No capítulo anterior, soubemos que o senhor Bisoito viu-se, pela primeira vez, frente a uma questão de algarismania no cálculo do *número 1000* com oito-oitos, tendo resolvido-a facilmente com 888 + 88 + 8 + 8 + 8. Entretanto, esse número pode ser calculado com oito algarismos 8 de outras maneiras:

$$((88-8):8)^{(8+8+8):8} \text{ e } (8888-888):8$$

Este terceiro cálculo, curiosamente, usa um *procedimento geral* para outros oito algarismos iguais; por exemplo, com oito 2 temos $(2222-222):2$ e com oito 3 tem-se $(3333-333):3$; e assim para algarismos 4, 5, 6, 7, 8 e 9.

Informamos aos *algarismaníacos* que montamos recentemente alguns procedimentos gerais usando só algarismos iguais a "a". Vejamos mais um para o 1000 $((aa-a):a)^{(a+a+a\,:\,a)}$; um para 1 milhão $((aaa-aa):a) \times ((aa-a):a)^{(a+a):a}$, com 13 iguais, e este com 14: $((aa-a):a)^{((aaa-aa):a)\times((aa-a):a)} = 10^{1000} = 1$ nonilhão (ou nonilião).

Neste sétimo capítulo cuidaremos de outras obtenções, principalmente do 1000, do 100, do 99 e do 1; pois consideramos que tais cálculos permitem um bom desenvolvimento da imaginação, desde que, ainda que *aparentemente utilizem tentativa* (acerto ou erro), há objetivos definidos com metas parciais, quando emerge uma *busca criativa e preestabelecida*.

A – ATIVIDADES RECREATIVAS: OBJETIVO 1000

Atividade 1

Obter 1000 usando os nove algarismos 1, 2, 3, 4, 5, 6, 7, 8 e 9 (não repetindo qualquer um deles), os sinais de adição, subtração, multiplicação e divisão, e ( ).

Resolução:

1) Verifica-se que podemos obter vários pares de números de soma 10; portanto, usando três deles teremos produto 1000. Sobrarão três algarismos; com os quais temos de obter 1; usando-o como divisor ou fator do 1000.

$(1 + 9)(3 + 7)(4 + 6) : (8 - 2 - 5) = 1000$

$(1 + 9)(2 + 8)(4 + 6) \times (3 + 5 - 7) = 1000.$

2) Podemos ter um dos fatores 10 de outra maneira, com três algarismos:

$(5 + 2 + 3)$, $(1 + 9)$ e $(4 + 6)$

Sobram 7 e 8, que fornecem 1, e temos nova solução:

$(5 + 2 + 3)(1 + 9)(4 + 6)(8 - 7) = 1000.$

3) Uma estratégia é usar dois fatores iguais a 10, o fator 5 e procurar montar um fator igual a 2 ou "11 – 9" com os quatro restantes:

$(1 + 9)(2 + 8) \times 5 \times ((7 + 4) - (3 + 6)) = 1000$

$(1 + 9)(4 + 6) \times 5 \times ((3 + 8) - (2 + 7)) = 1000$

$(3 + 7)(4 + 6) \times 5 \times ((2 + 9) - (1 + 8)) = 1000$

Atividade 2

A mesma atividade, sendo permitido o uso também da potenciação.

Resolução

1) Um procedimento estratégico é obter 1000 com alguma potência de base 10 e expoente dado pelo algarismo 3 e obter alguma parcela nula com os restantes:

$(1 + 9)^3 + (8 + 2 - 6 - 4) \times (5 + 7) = 1000$

$(2 + 8)^3 + (9 + 1 - 6 - 4) \times (5 + 7) = 1000$

$(4 + 6)^3 + (9 + 1 - 2 - 8) \times (5 + 7) = 1000$

$(1 + 9)^3 + 5^2 - 4 - 6 - 7 - 8 = 1000$

2) Analogamente, alterando o expoente 3 para alguma expressão de valor igual a 3:

$(3 + 7)^{5-2} + (9 + 1 - 6 - 4) \times 8 = 1000$

$(1 + 9)^{5-2} + (8 + 3 - 7 - 4) \times 6 = 1000$

$(6 + 4)^{5-2} + (9 + 1 - 7 - 3) \times 8 = 1000$

$(6 + 4)^{8-5} + (9 + 1 - 7 - 3) \times 2 = 1000$

$(9 + 1)^{7-4} + (5 - 2 - 3) \times (6 + 8) = 1000$

$(2 + 8)^{9-6} + (7 + 1 - 5 - 3) \times 4 = 1000$

3) Uma variante da estratégia é usar três fatores, um com potência de base 10 e expoente 2, outro igual a 10, e descobrir um fator igual a 1 com os algarismos restantes:

$(7 + 3)^2 (1 + 9) \times (5 - 4)^{6+8} = 1000$

$(1 + 9)^2 (7 + 3) \times (5 - 4)^{6+8} = 1000$

$(7 + 3)^2 (1 + 9) \times (4 + 8 - 5 - 6) = 1000$

$(7 + 3)^2 (1 + 9) \times (5 + 4 - 8)^6 = 1000$

$(7 + 3)^2 (1 + 9) \times (6 - 5)^{4+8} = 1000$

$(6 + 4)^2 (1 + 9) \times (3 + 5 - 7)^8 = 1000$

$(1 + 9)^2 (6 + 4) \times (3 + 5 - 7)^8 = 1000$

$(6 + 4)^2 (1 + 9) \times (8 - 7)^{3+5} = 1000$

$(6 + 4)^2 (1 + 9) \times (7 + 5 - 8 - 3) = 1000$

4) Ou empregar uma variação que condense estratégias anteriores, consistindo em se obter 1000 inicial, sem usar o algarismo 1, e aproveitá-lo num fator dado por potência com base 1:

$(2 + 8)^3 \times 1^{4+5+6+7+9} = 1000$

$(4 + 6)^3 \times 1^{2+5+7+8+9} = 1000$

$(3 + 7)^{8-5} \times 1^{2+4+6+9} = 1000$

$(3 + 7)^2 (4 + 6) \times 1^{5+8+9} = 1000$

Com a vantagem óbvia de se variar o expoente de 1 com outros cálculos com os mesmos algarismos restantes, por exemplo:

$(2 + 8)^3 \times 1^{4 \times 5 \times 6 \times 7 \times 9} = 1000$

$(2 + 8)^3 \times 1^{(4+5+6+7) \times 9} = 1000$

Mas veja se aprecia a estratégia aplicada nas soluções seguintes:

$(5 + 4 + 1)^3 + (8 - 6 - 2) \times (7 + 9) = 1000$

$(5 + 4 + 1)^3 + (9 + 6 - 8 - 7) \times 2 = 1000$

$(7 + 2 + 1)^3 + (9 - 4 - 5) \times (6 + 8) = 1000$

B – ATIVIDADES RECREATIVAS: OBJETIVO 100

Atividade 1

Obter 100 usando os nove algarismos 1, 2, 3, 4, 5, 6, 7, 8 e 9 (não repetindo qualquer um deles), os sinais de adição, subtração, multiplicação, divisão, potenciação, e ( ).

Resolução

1) Parece-nos claro que, agora, a busca se simplifica, já que podemos novamente separar os cálculos; porém, inicialmente, o cálculo de 100 com o produto de duas somas iguais a 10 nos dará *cinco algarismos de sobra*, com os quais teremos duas opções de busca, uma multiplicativa de fator 1 (como nas atividades anteriores) e outra aditiva com parcela nula. Vejamos alguns exemplos:

a) com fator 1:

$(1 + 9)(2 + 8) \times (5 - 4)^{3+6+7} = 100$

$(1 + 9)(2 + 8) \times (7 - 6)^{3+4+5} = 100$

$(1 + 9)(2 + 8) \times (4 - 3)^{5+6+7} = 100$

$(1 + 9)(2 + 8) \times (6 + 5 - 7 - 3)^4 = 100$

$(4 + 6)(3 + 7) \times (9 - 8)^{1+2+5} = 100$

$(4 + 6)(3 + 7) \times (8 - 5 - 2)^{1+9} = 100$

$(4 + 6)(3 + 7) \times 1^{2+5+8+9} = 100$

b) com parcela nula:

$(4 + 6)(3 + 7) + (9 + 1 - 2 - 8) \times 5 = 100$

$(4 + 6)(3 + 7) + (8 - 1 - 2 - 5) \times 9 = 100$

$(1 + 9)(2 + 8) + (7 - 3 - 4) \times (5 + 6) = 100$

$(1 + 9)(2 + 8) + (6 + 3 - 4 - 5) \times 7 = 100$

2) Também, já que o 100 inicial pode ser obtido com 10 elevado ao expoente 2, teremos um procedimento estratégico mais livre para as duas opções.

a) com fator 1:

$(1 + 9)^2 \times (4 - 3)^{5+6+7+8} = 100$

$(1 + 9)^2 \times (5 - 4)^{3+6+7+8} = 100$

$(1 + 9)^2 \times (6 - 5)^{3+4+7+8} = 100$

$(1 + 9)^2 \times (7 - 6)^{3+4+5+8} = 100$

$(1 + 9)^2 \times (8 - 7)^{3+4+5+6} = 100$

$(1 + 9)^2 \times (8 - 4 - 3)^{5+6+7} = 100$

b) com parcela nula:

$(1 + 9)^2 + (7 - 4 - 3) \times (5 + 6 + 8) = 100$

$(1 + 9)^2 + (8 - 5 - 3) \times (4 + 6 + 7) = 100$

Ou então:

$(6 + 3 + 1)^2 + (9 + 4 - 8 - 5) \times 7 = 100$

$(7 + 6 - 3)^2 + (9 + 4 - 8 - 5) \times 1 = 100$

$(7 + 6 - 3)^2 + (8 + 1 - 5 - 4) \times 9 = 100$

$(9 + 5 - 4)^2 + (8 + 1 - 6 - 3) \times 7 = 100$

$(8 + 5 - 3)^2 + (9 + 4 - 6 - 7) \times 1 = 100$

$(8 + 7 - 5)^2 + (4 + 3 - 6 - 1) \times 9 = 100$

Atividade 2

Dados os nove algarismos 1, 2, 3, 4, 5, 6, 7, 8 e 9 (usando uma só vez cada um), é solicitado obter o resultado 100 apenas intercalando adequadamente sinais + e x.

a) ordem crescente dos algarismos pelos seus valores numéricos:

$12 + 34 + 5 \times 6 + 7 + 8 + 9 = 100$

$1 + 2 \times 3 + 4 + 5 + 67 + 8 + 9 = 100$

b) ordem decrescente dos algarismos pelos seus valores numéricos:

$9 \times 8 + 7 + 6 + 5 + 4 + 3 + 2 + 1 = 100$

Atividade 3

Dados os nove algarismos 1, 2, 3, 4, 5, 6, 7, 8 e 9 (usando uma só vez cada um), é solicitado obter o resultado 100 apenas intercalando adequadamente sinais − e +.

a) ordem crescente:

$123 + 45 − 67 + 8 − 9 = 100$
$123 + 4 − 5 + 67 − 89 = 100$
$123 − 4 − 5 − 6 − 7 + 8 − 9 = 100$
$123 − 45 − 67 + 89 = 100$
$12 − 3 − 4 + 5 − 6 + 7 + 89 = 100$
$12 + 3 + 4 + 5 − 6 − 7 + 89 = 100$
$1 + 23 − 4 + 56 + 7 + 8 + 9 = 100$
$1 + 2 + 34 − 5 + 67 − 8 + 9 = 100$
$1 + 2 + 3 − 4 + 5 + 6 + 78 + 9 = 100$

b) ordem decrescente:

$98 − 76 + 54 + 3 + 21 = 100$
$9 + 8 + 76 + 5 + 4 − 3 + 2 − 1 = 100$

Atividade 4

Dados os nove algarismos 1, 2, 3, 4, 5, 6, 7, 8 e 9 (usando uma só vez cada um), é solicitado obter o resultado 100 apenas intercalando adequadamente sinais −, + e x.

a) ordem livre:

$5 \times 7 + 6 \times 8 + 9 + 4 + 3 + 2 − 1 = 100$
$9 \times 8 + 1 + 2 + 3 + 6 \times 7 − 4 \times 5 = 100$

b) ordem crescente[11]:

$1 + 2 + 3 − 4 \times 5 + 6 \times 7 + 8 \times 9 = 100$
$− 1 − 2 \times 3 \times 4 + 5 \times (6 \times 7 − 8 − 9) = 100$

c) ordem decrescente:

$9 \times 8 + 7 \times 6 − 5 \times 4 + 3 + 2 + 1 = 100$
$9 + 8 \times 7 + 6 \times 5 + 4 + 3 − 2 \times 1 = 100$

---

[11]Aplicável com alunos que trabalham com inteiros relativos (positivos, nulos e negativos).

Atividade 5

Dados os nove algarismos 1, 2, 3, 4, 5, 6, 7, 8 e 9 (usando uma só vez cada um), é solicitado obter o resultado 100 apenas intercalando sinais –, +, x, :, ou potência, e ( ).

a) ordem livre:

9 x 8 + 4 x 7 + (5 – 2 – 3) : (1 + 6) = 100

3 x 7 x 8 – (2 + 9) x 6 – (5 + 1 – 4) = 100

9 x 8 + 5 x 6 – 2 + 1 x (7 – 3 – 4) = 100

(8 + 2 + 3 + 7) x 5 + 9 + 1 – 4 – 6 = 100

b) ordem decrescente:

98 + (7 – 6) x (5 – 4) : (3 – 2) + 1 = 100

(9 + 8 x 7 + 6 x 5 + 4) : (3 – 2) + 1 = 100

9 + 8 x 7 + 6 x 5 + 4 + (3 – 2) : 1 = 100

98 + (7 – 6) x (5 – 4)^3 x 2 x 1 = 100

Atividade 6

Dados os dez algarismos 1, 2, 3, 4, 5, 6, 7, 8, 9, e 0 (usando uma só vez cada um), é solicitado obter o resultado 100 apenas com adição e frações.

Soluções

70 + 24 + 5 + 9 / 18 + 3 / 6 = 100

87 + 9 + 3 + 4 / 5 + 12 / 60 = 100

50 + 49 + 1 / 2 + 38 / 76 = 100

C – E POR QUE NÃO COM OBJETIVO 99?

Atividade 1

Dados os nove algarismos 1, 2, 3, 4, 5, 6, 7, 8, e 9 (usando cada um só uma vez), é solicitado obter 99 intercalando somente sinais de adição.

a) ordem crescente de seus valores numéricos:

1 + 23 + 45 + 6 + 7 + 8 + 9 = 99

1 + 2 + 3 + 4 + 5 + 67 + 8 + 9 = 99

12 + 3 + 4 + 56 + 7 + 8 + 9 = 99

b) ordem decrescente:

9 + 8 + 7 + 6 + 5 + 43 + 21 = 99

9 + 8 + 7 + 65 + 4 + 3 + 2 + 1 = 99

Nota: Encontramos o problema n. 53, da ordem decrescente, em Kordemsky (1992), com suas duas soluções; ele foi nossa inspiração para os outros.

Atividade 2

Dados os oito algarismos 1, 2, 3, 4, 5, 6, 7 e 8 (usando cada um só uma vez), é solicitado obter 99 intercalando somente sinais de adição.

a) ordem crescente:

$1 + 2 + 3 + 4 + 5 + 6 + 78 = 99$

$1 + 23 + 4 + 56 + 7 + 8 = 99$

b) ordem decrescente:

$8 + 7 + 6 + 54 + 3 + 21 = 99$

$8 + 76 + 5 + 4 + 3 + 2 + 1 = 99$

Atividade 3

São dados os nove algarismos 1, 2, 3, 4, 5, 6, 7, 8, e 9 (usando cada um só uma vez), é solicitado obter 99 intercalando somente sinais de adição ou subtração.

a) ordem crescente:

$1 + 2 - 3 + 4 + 5 - 6 + 7 + 89 = 99$

b) ordem decrescente:

$9 - 8 + 7 + 6 + 54 + 32 - 1 = 99$

$9 + 87 + 6 + 5 - 4 - 3 - 2 + 1 = 99$

$9 + 87 + 6 - 5 - 4 + 3 + 2 + 1 = 99$

$9 + 87 - 6 + 5 + 4 - 3 + 2 + 1 = 99$

$9 - 8 + 76 - 5 - 4 + 32 - 1 = 99$

D – E O NÚMERO 1?

Incluo, experimentalmente, em minhas aulas ou palestras, atividades relativas à obtenção do número 1 com os nove algarismos, pois, em geral, as soluções propostas apresentam uma só estratégia, a de isolar o próprio algarismo 1 e adicionar uma ou mais parcelas nulas:

$1 + (9 - 4 - 5)(2 + 3 + 6 + 7 + 8) = 1$

$1 + (8 - 3 - 5)(2 + 4 + 6 + 7 + 9) = 1$

$1 + (7 - 4 - 3)(2 + 5 + 6 + 8 + 9) = 1$

$1 + (9 + 2 - 8 - 3) + (7 + 4 - 6 - 5) = 1$

Poucos isolam uma unidade com uma potência de expoente zero e adicionam também parcela nula:

$2^{6-2-4} + (7 - 6 - 1)(8 + 9) = 1$

$3^{9-4-5} + (8 - 6 - 2)(7 + 1) = 1$

$4^{7+5-9-3} + (6 + 2 - 8) \times 1 = 1$

E, raramente, nos apresentam soluções com uma potência de expoente zero, mas de uma base que reúna todos os algarismos restantes, que, somos sinceros, oferecem muitas alternativas de obtenção do número 1:

$(4 + 5 + 6 + 7 + 8 + 9)^{3-2-1} = 1$

$(1 + 4 + 6 + 7 + 8 + 9)^{5-3-2} = 1$

Então, lembro-os da potência de base 1, por exemplo, $1^{2+3+4+5+6+7+8+9} = 1$, quando percebem que o expoente pode ser qualquer um!

Das alternativas, gosto de lembrar-lhes a seguinte, que nos parece elegante[12].

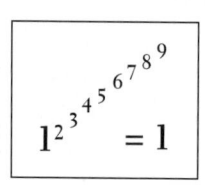

$$1^{2^{3^{4^{5^{6^{7^{8^{9}}}}}}}} = 1$$

> É impossível para um homem aprender aquilo que ele pensa que já sabe.
>
> EPÍTETO

---

[12] No Ensino Médio (em cálculo combinatório) é possível calcular o número de soluções para essa forma, ordenando o expoente em 8! maneiras; isto é, 40.320 soluções.

CAPÍTULO 8
SOMAS E PRODUTOS COM NÚMEROS IGUAIS – PROBLEMA DE KORDEMSKY

INTRODUÇÃO

É bastante conhecido o caso de dois termos iguais cuja adição fornece o mesmo resultado que a sua multiplicação:

$$2 + 2 = 2 \times 2 = 4$$

Um pouco menos lembrada é a situação de três termos:

$$1 + 2 + 3 = 1 \times 2 \times 3 = 6$$

Entretanto, essa curiosa questão pode ser empregada como atividade recreativa e geradora de conhecimentos para alunos do Ensino Fundamental, após o professor dar os exemplos anteriores.

A – ATIVIDADES

Atividade 1

Descobrir a adição de quatro parcelas cuja soma seja igual ao produto de quatro fatores iguais às parcelas.

Solução (única): $1 + 1 + 2 + 4 = 1 \times 1 \times 2 \times 4 = 8$

Observação: Nesta primeira atividade, talvez, será preciso que o professor "ajude" um pouco os alunos, por exemplo, indicando o resultado 8, ou então que os algarismos podem ser repetidos, nada na questão proposta o impede.

Atividade 2

Descobrir adição de cinco parcelas cuja soma correspondente seja igual ao produto dos fatores iguais às parcelas.

Solução: $1 + 1 + 2 + 2 + 2 = 1 \times 1 \times 2 \times 2 \times 2 = 8$

Observação: Existem mais duas soluções com resultados 9 e 10. Nesta atividade e na seguinte é mais conveniente deixá-los à procura da descoberta desenvolvendo a imaginação e a criatividade.

Atividade 3

Resolver o problema no caso de seis parcelas e seis fatores.

Solução (única): 1 + 1 + 1 + 1 + 2 + 6 = 1 x 1 x 1 x 1 x 2 x 6 = 12

B – EXISTIRIA ALGUMA ESTRATÉGIA?

A resposta é SIM!

Dificilmente ela surgirá por parte dos alunos; se aparecer, merecerá elogios.

Convide-os a examinar os cálculos anotados nas atividades anteriores, para tentar perceber alguma coisa que possa ser importante; dê atenção às suas ideias.

O próprio Método de Resolução de Problemas recomenda algumas intervenções do professor. Na situação, caso nenhum aluno tenha observado os algarismos 1, é adequado indagar se deram atenção ao fato de que em todos os cálculos anteriores o algarismo 1 sempre estava presente; poderá ser algo útil.

Na mesma linha metodológica, de outra intervenção poderá emergir a estratégia; por exemplo, aquela *relativa entre a diferença do resultado (produto) e a soma dos números que não são iguais a 1*. Assim, na Atividade 1 observa-se que a diferença entre 8 e (2 + 4) = 6 é 2, justamente o número de algarismos 1. O mesmo se observa na Atividade 2, quando 8 – (2 + 2 + 2) = 8 – 6 = 2, que é o número de algarismos 1. O mesmo aconteceu para os resultados 9 e 10:

1 +1 +1 +3 +3 = 1 x 1 x 1 x 3 x 3 = 9, 1 + 1 + 1 + 2 + 5 = 1 x 1 x 1 x 2 x 5 = 10.

Também aconteceu na Atividade 3, já que nela temos:

12 – (2 + 6) = 12 – 8 = 4, que é o número de algarismos 1.

Então essa *propriedade* pode ser o *núcleo central da estratégia*:

Preparamos uma tabela para valores não unitários com suas somas e respectivos produtos, e com a propriedade descobrimos o número de algarismos 1 a serem acrescentados, de um lado como parcelas, do outro como fatores.

a) dois valores não unitários:

Termos	2 e 7	2 e 8	2 e 9	2 e 10	2 e 11
Soma	9	10	11	12	13
Produto	14	16	18	20	22
Diferença	5	6	7	8	9

Com os números de cada coluna da tabela descobrimos as soluções correspondentes:

1 + 1 + 1 + 1 + 1 + 2 + 7 = 1 x 1 x 1 x 1 x 1 x 2 x 7 = 14

1 + 1 + 1 + 1 + 1 + 1 + 2 + 8 = 1 x 1 x 1 x 1 x 1 x 1 x 2 x 8 = 16

$1+1+1+1+1+1+1+2+9 = 1 \times 1 \times 1 \times 1 \times 1 \times 1 \times 1 \times 2 \times 9 = 18$

$1+1+1+1+1+1+1+1+2+10 = 1 \times 1 \times 1 \times 1 \times 1 \times 1 \times 1 \times 1 \times 2 \times 10 = 20$

$1+1+1+1+1+1+1+1+1+2+11 = 1 \times 1 \times 1 \times 1 \times 1 \times 1 \times 1 \times 1 \times 1 \times 2 \times 11 = 22$

b) três valores não unitários:

Termos	2, 2 e 3	2, 2 e 4	3, 3 e 3
Soma	7	8	9
Produto	12	16	27
Diferença	5	8	18

Assim, com os números da primeira coluna encontra-se a igualdade:

$1+1+1+1+1+2+2+3 = 1 \times 1 \times 1 \times 1 \times 1 \times 2 \times 2 \times 3 = 12$

E, analogamente, com os da segunda terá:

$1+1+1+1+1+1+1+1+2+2+4 = 1 \times 1 \times 1 \times 1 \times 1 \times 1 \times 1 \times 1 \times 2 \times 2 \times 4 = 16$

Já para os da terceira coluna necessitamos empregar 18 algarismos 1 para obter soma e produto iguais a 27, o que, temos certeza, qualquer aluno saberá obter.

C – E FIXADOS O NÚMERO DE TERMOS E O RESULTADO?

Nesta situação dados número de termos (parcelas ou fatores) e o resultado comum, o aluno primeiramente decompõe o resultado em fatores não unitários, verificando para cada decomposição se usará exatamente o número fixado de termos.

Problema 1

Seja pedido o resultado comum 15 com 10 termos.

Ora, 15 tem só a decomposição 3 x 5 em fatores não unitários; portanto, consumindo duas parcelas, então seria preciso usar oito algarismos 1; mas, pela propriedade descoberta, o número de algarismos 1 deve ser igual a $15 - (3 + 5) = 7$. Então: o que foi solicitado não tem solução.

É óbvio que se o solicitado fosse em nove parcelas teríamos a solução:

$1+1+1+1+1+1+1+3+5 = 1 \times 1 \times 1 \times 1 \times 1 \times 1 \times 1 \times 3 \times 5 = 15$

Problema 2

Obter uma soma e um produto iguais a 18 com os mesmos 13 termos.

O número 18 tem três decomposições em fatores não unitários:

a) 2 x 9
b) 3 x 6
c) 2 x 3 x 3

a) Na primeira decomposição são empregados 2 algarismos, sobrando $13 - 2 = 11$ para algarismos 1; contudo, $18 - (2 + 9) = 7$, que deveria ser o número de algarismos 1; portanto, não obteremos o resultado solicitado.

b) Na segunda também temos 2 algarismos, sobrando 11 para algarismos 1; e, como $18 - (3 + 6) = 18 - 9 = 9$, novamente não há solução.

c) Na terceira fatoração (completa) são utilizados 3 algarismos; logo, sobrarão 10 para algarismos 1. Já que $18 - (2 + 3 + 3) = 18 - 8 = 10$, valor igual ao anterior, segue que teremos com ela a solução almejada, com 13 ternos iguais respectivamente.

$1 + 1 + 1 + 1 + 1 + 1 + 1 + 1 + 1 + 1 + 2 + 3 + 3 = 1 \times 1 \times 1 \times 1 \times 1 \times 1 \times 1 \times 1 \times 1 \times 1 \times 2 \times 3 \times 3 = 18$

D – NOTA HISTÓRICA:

Temos encontrado numa das obras de Boris Anastas´evich Kordemsky, livro já por nós referenciado, o problema n. 52 sob o título *"Different actions, same result"*, fornecendo os dois exemplos iniciais que temos suposto conhecidos. Propõe o que temos inserido nas Atividades 1 e 2, cujas soluções são dadas na parte de respostas, infelizmente sem explicações, já que, por certo, trariam outras contribuições, e aí acrescenta "sozinho, veja se você consegue encontrar múltiplas soluções para 6, 7 e outros números".[13]

Além de ser a fonte geradora deste capítulo, julgamos um tipo de problema não só curioso, mas fértil no ensino e aprendizagem de matemática, se bem trabalhado. É o chamado Problema de Kordemsky; ao qual dedicamos nossa atenção ampliando-o com estratégias e metodologia correspondente.

> Quando apontares um dedo, lembra-te de que outros três dedos apontam para ti.
> PROVÉRBIO INGLÊS

---

[13] Tradução livre de *"on your own, see if you can find multiple solutions for 6, 7, and more numbers"*.

CAPÍTULO 9
RECUPERANDO OPERAÇÕES – CRIPTOARITMIA

INTRODUÇÃO

Os problemas deste capítulo consistem na substituição, por algarismos, dos símbolos colocados nas lacunas assinaladas em operações, de tal forma que forneçam o resultado correto.

Esse restabelecimento é conhecido pela denominação Criptoaritmia ou Criptaaritmética, nome que lembra *segredos com números*, ou *números escondidos*.

Matemáticos especialistas na sua organização conseguiram montar muitas operações nas quais as lacunas são maioria em relação aos algarismos indicados, tornando as suas recuperações bastante difíceis, mas, simultaneamente, transformando os "passatempos recreativos" em verdadeiros "quebra-cabeças" ou "esquenta-cucas".

Considerando que o nosso objetivo é primordialmente educacional, organizamos dois grupos de problemas, ambos no nível do Ensino Fundamental. O primeiro constituído da recuperação de operações simples com poucos algarismos constituintes, e o segundo julgado original na sua forma e na composição dos números com algarismos repetidos.

A – PRIMEIRO GRUPO (FORMA TRADICIONAL)

Iniciamos com quatro problemas, cada um correspondente às operações elementares de adição, subtração, multiplicação e divisão, fornecendo ao professor o raciocínio adequado para os seus restabelecimentos; os quais o professor poderá utilizar de acordo com sua gestão usual em sala de aula.

Problema 1

Recuperar a adição:

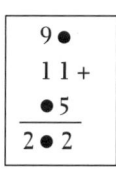

$$\begin{array}{r} 9\bullet \\ 11+ \\ \bullet 5 \\ \hline 2\bullet 2 \end{array}$$

Resolução: Já que 1 + 5 = 6 e o algarismo das unidades da soma é 2, temos o primeiro obstáculo a ser superado: 6 mais qual número dá um número terminado em 2? É o 6.

```
   1
  9•
  11 +
  •5
 ─────
  2•2
```

Nossa adição passa a ser:

```
  96
  11 +
  95
 ─────
  202
```

Temos na soma duas centenas; portanto a soma dos números das dezenas deve ser vinte ou mais. Ora, já temos 1 + 9 + 1 = 11, logo, o símbolo da terceira parcela precisa ser 9; e, portanto, temos a adição recuperada.

Problema 2

Restabelecer a subtração

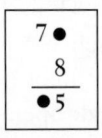

```
  7•
   8
  ──
  •5
```

Resolução: Indagamos: qual o número de que subtraindo 8 é 5?

A resposta é 13.

Nossa subtração passa a ser a do quadro ao lado, de onde a subtração refeita.

```
  73 −        73 −
   8           8
  ────        ────
  •5          65
```

Problema 3

Substituir as lacunas da multiplicação desde que o produto esteja correto.

```
  3•X
   7
  ────
  23•
```

Resolução: Já que 7 x 3 = 21, mas no resultado está 23, descobrimos que foram acrescentadas duas dezenas provenientes do produto das unidades. Ora, multiplicações com fator 7 que fornecem duas dezenas são 7 x 3 = 21 e 7 x 4 = 28; portanto, temos duas multiplicações recuperadas possíveis para o mesmo problema:

```
  3 3 X          3 4 X
    7              7
  -----          -----
  2 3 1          2 3 8
```

Problema 4

Recuperar a divisão

```
4 • •  | 8
  • • • 6
    2
```

Resolução: Sendo o resto 2 e 6 x 8 = 48, o dividendo parcial era 50, e que o algarismo 0 do 50 é também o algarismo das unidades do dividendo principal.

```
4 • 0  | 8
  5 0 • 6
    2
```

Vamos tentar descobrir o algarismo correspondente ao outro símbolo do dividendo; para dividir 4 por 8 não foi possível, então se utilizou quarenta e pouco, e desde que deu o resto parcial 5 então era 45 e ainda o algarismo das unidades do quociente era também 5, pois 5 x 8 = 40.

```
4 5 0  | 8
  5 0 5 6
    2
```

Exercícios para resolver

Sugerimos a seguir alguns exercícios de operações para recuperar.

Fáceis

a) 8 1 2
    4 • 4 +
    • 5 9
    7 8 •
    •‾4‾1‾2

b) 4 •
    • 9 +
    •‾3‾5

c) • 1 •
    2 9 ‾
    • 4

d) 3 ● ●
      4 x
   ─────
   1●7 6

e) 3 ●
     ● 5 +
   ─────
    1 ● 5

f) 3 ● ● | 9
    4 ●   ● ●
    ─
    4

Difíceis

g)
   5 ● ●
    ● 6 x
   ─────
   ● ● 7 ●
    ● 2 ●
   ─────
   ● ● ● ●

h) (duas soluções)
     ● ● 7
     ● ● ● x
   ─────
   4 ● ● 2
     ● ● ●
   ─────
   8 ● ● 0 2

Nota: As respostas estão no fim do capítulo

B – SEGUNDO GRUPO (NOVA FORMA)

Começaremos resolvendo uma situação-problema que servirá de modelo para outras situações.

Situação-Problema 1

Situação: É dada a adição de três parcelas iguais com ■, ▲ e ♠ algarismos diferentes entre si, mas que na adição estão repetidos.

Problema: Descobrir ■, ▲ e ♠.

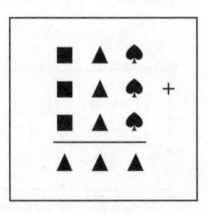

```
■ ▲ ♠
■ ▲ ♠  +
■ ▲ ♠
─────
▲ ▲ ▲
```

Resolução: É óbvio que poderá ser análoga aos problemas do primeiro grupo e também por tentativa (acerto e erro); entretanto, pelo fato de apresentar três algarismos iguais em cada coluna, em geral, ela é mais fácil do que aparenta.

A soma possui três algarismos, então o valor de ■ não supera 3, nos indicando dois casos a estudar:

Caso ■ = 1: Segue que ▲ poderia ser 3; mas nossa adição ficaria conforme indicado no primeiro quadro a seguir: impossível.

Contudo, ▲ poderia ser 4; mas seria necessário ter na coluna das centenas uma unidade a mais oriunda da coluna das dezenas; e nesta, duas unidades a mais proveniente da coluna das unidades, conforme mostramos no segundo quadro.

Finalmente, observa-se que a coluna das unidades deve dar 24, e esta adição vem de três vezes 8, que nos dará a solução.

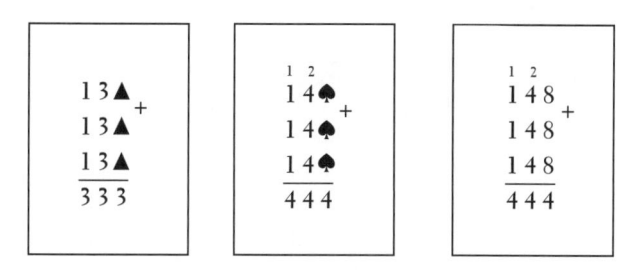

```
       1 3 ▲            ¹ ²              ¹ ²
    +  1 3 ▲         1 4 ♠            1 4 8
       1 3 ▲      +  1 4 ♠         +  1 4 8
       -----         1 4 ♠            1 4 8
       3 3 3         -----            -----
                     4 4 4            4 4 4
```

Conclusão parcial: Os algarismos são respectivamente 1, 4 e 8.

Observação: Todavia, devemos analisar os outros casos.

Caso ■ = 2: Teremos três possibilidades para ▲, mas todas impossíveis de realização correta.

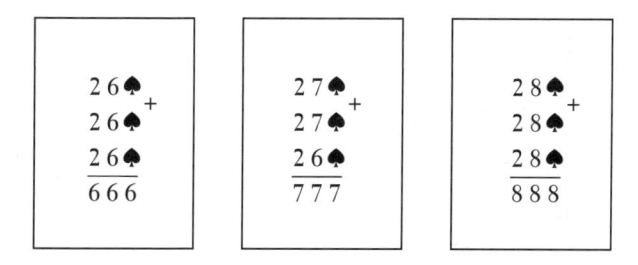

```
       2 6 ♠         2 7 ♠            2 8 ♠
    +  2 6 ♠      +  2 7 ♠         +  2 8 ♠
       2 6 ♠         2 6 ♠            2 8 ♠
       -----         -----            -----
       6 6 6         7 7 7            8 8 8
```

Caso ■ = 3: Neste caso temos só uma possibilidade para ▲; porém, ela também é impossível de realização correta.

```
       3 9 ♠
    +  3 9 ♠
       3 9 ♠
       -----
       9 9 9
```

Conclusão final: A única solução é ■ = 1, ▲ = 4 e ♠ = 8.

Situações-problema para resolver

Descobrir os algarismos **a**, **b**, **c**, **d** e **e** nas adições seguintes.

1)
```
    b
  a b +
  a b
  ───
  c c
```

2)
```
    b
    b +
  a b
  a b
  ───
  c c
```

3)
```
  a b
  a b +
  a b
  ─────
  c c c
```

4)
```
  a b c
  a b c +
  a b c
  ─────
  c c c
```

5)
```
  a b c
  a b c +
  a b c
  ─────
  d d d
```

6)
```
  a b
  a b +
  a b
  a b
  a b
  ─────
  b b b
```

7)
```
    b c d
  a b c d +
  a b c d
  a b c d
  a b c d
  b a b c d
  ─────────
  d d d d d
```

8)
```
  a b c d e
  a b c d e +
  a b c d e
  a b c d e
  a b c d e
  a b c d e
  a b c d e
  ───────────
  e e e e e e
```

UMA SITUAÇÃO DIFERENTE

Os valores de ♦, ♥, ♣, ♠ são diferentes. Descobri-los!

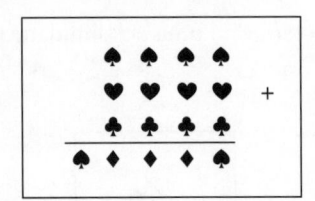

RESPOSTAS DO CAPÍTULO 9

Exercícios do primeiro grupo:

a) 5, 3, 7 e 2

b) 6, 8 e 1

c) 1, 3 e 8
d) 4, 4 e 3   6, 9 e 4   1, 9 e 2   9, 4 e 5
e) 7, 6 e 0   7, 7 e 1   7, 8 e 2   7, 9 e 3
f) 1, 9, 9, 3 e 5   1, 0, 0, 3 e 4
g) 2, 9, 1, 3, 1, 4, 5, 9, 8, 4, 6 e 4
h) 8, 1, 1, 0, 9, 8, 1, 7, 6 e 6   7, 6, 1, 0, 6, 0, 7, 6, 7, 1 e 3

Exercícios do segundo grupo:

1) $a = 1, b = 8$ e $c = 4$ $a = 3, b = 1$ e $c = 4$
2) $a = 1, b = 6$ e $c = 4$ $a = 3, b = 2$ e $c = 8$ $a = 3, b = 7$ e $c = 8$
$a = 4, b = 2$ e $c = 8$
3) $a = 3, b = 7$ e $c = 1$
4) $a = 1, b = 8$ e $c = 5$
5) $a = 2, b = 9, c = 6$ e $d = 8$ $a = 2, b = 5, c = 9$ e $d = 7$
6) $a = 7$ e $b = 4$
7) $a = 5, b = 6, c = 4$ e $d = 8$
8) $a = 7, b = 9, c = 3, d = 6, e = 5$

Uma situação diferente:

Sugestão: Descobrir inicialmente a existência de dois casos a serem analisados – ♣ = 1 e ♣ = 2; o primeiro conduz à descoberta de seis soluções; fornecemos uma delas: ♠ = 7, ♥ = 9, ♣ = 1 e ♦ = 8.

> Diz a verdade, mesmo
> que ela esteja contra ti.
> ALCORÃO

CAPÍTULO 10
DESCOBRINDO PASSO A PASSO

INTRODUÇÃO

Preferimos neste capítulo não descrever os tópicos que serão estudados e entrar diretamente na divulgação desta linha de ação bastante propícia para o trabalho em sala de aula; agora neste livro apenas aplicando-a em questões numéricas, deixando para, talvez, em outro trabalho desenvolvê-lo com problemas geométricos ou algébricos, mas o colega professor saberá fazê-lo após ler estas páginas.

Iniciaremos com um problema sobre a busca de números dadas algumas informações ou indícios (*clues*, como americanos preferem). Nós o empregaremos como ilustração modelo, procurando mostrar que as resoluções passo a passo dão oportunidade ao professor de recapitular, introduzir temas transversais, estabelecer posturas e desenvolver hábitos, entre outros objetivos educacionais.

PROBLEMA 1: NÚMEROS IRMÃOS

Nós somos dois números irmãos; se não acreditar então acompanhe o que constatamos:

A – Somos números de seis algarismos;

B – A leitura invertida de nossos números da direita para a esquerda é igual à leitura correta da esquerda para a direita;[14]

C – A soma dos números correspondentes aos algarismos das dezenas de milhar e dezenas simples é 6;

D – Somos divisíveis por 4;

E – Somos múltiplos de 9;

F – Os números dados pelos algarismos das centenas, dezenas e unidades estão em progressão aritmética, nessa ordem.

---

[14] Números *palíndromos* ou *capícuas*. Existem palavras palíndromas como Arara, Ovo, Ama, Ata, Erre, Ele, etc. e também frases palíndromas: "Oto come mocotó", "Socorram-me, subi no ônibus em Marrocos".

Vamos resolver passo a passo, na ordem das informações dadas:

A – Deixamos seis espaços para os algarismos:

B – (Ver nota de rodapé)

a	b	c	c	b	a

C – Já que os dois algarismos são iguais então b = 6 : 2 = 3, e o número passa a ser:

a	3	c	c	3	a

D – Se os dois últimos algarismos formam um número divisível por 4, então, o número é divisível por 4; teremos duas possibilidades:

2	3	c	c	3	2

6	3	c	c	3	6

E – Considerando o critério de divisibilidade por 9 e que a soma já existente é 2 + 3 + 3 + 2 = 10 no primeiro, precisamos aumentar 8; mas, no segundo, temos a soma 18, divisível por 9; portanto, podemos colocar 0 ou 9 para as centenas.

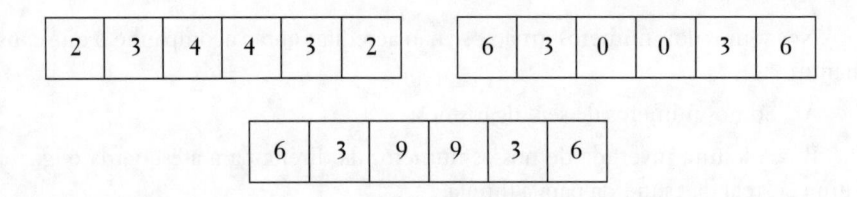

2	3	4	4	3	2

6	3	0	0	3	6

6	3	9	9	3	6

F – O primeiro número é satisfeito com P.A. de razão –1, e o segundo, com P.A. de razão +3; entretanto, o terceiro não é satisfeito, logo, deve ser eliminado. Em consequência, ficamos com exatamente dois números 234432 e 630036. Isso vem justificar a autodenominação "dois números irmãos", por terem ambos todas as propriedades informadas.

E MUDANDO A ORDEM DAS INFORMAÇÕES?

Do ponto de vista da matemática, devemos obter a mesma resposta; isso é intuitivo, os números gozam dessas propriedades independentemente da ordem em que elas são observadas. Porém, uma ordem das informações poderá ser vantajosa ou não, conforme a facilidade ou a dificuldade na utilização de uma informação no lugar de outra, o que pode ser de real importância na formação dos alunos. Vejamos alguns exemplos de trabalho com outras ordens também descobrindo passo a passo.

Ordem A B C F D E

A, B, C	F	D	E
x x x x x x	6 3 0 0 3 6	6 3 0 0 3 6	6 3 0 0 3 6
a b c c b a	5 3 1 1 3 5		
a 3 c c 3 a	4 3 2 2 3 4		
	3 3 3 3 3 3		
	1 3 5 5 3 1		
	2 3 4 4 3 2	2 3 4 4 3 2	2 3 4 4 3 2

Ordem A B C E D F

A, B, C	E	D	F
x x x x x x	6 3 0 0 3 6	6 3 0 0 3 6	6 3 0 0 3 6
a b c c b a	5 3 1 1 3 5	2 3 4 4 3 2	2 3 4 4 3 2
a 3 c c 3 a	1 3 5 5 3 1	6 3 9 9 3 6	
	4 3 2 2 3 4		
	2 3 4 4 3 2		
	9 3 6 6 3 9		
	6 3 9 9 3 6		

Ordem A B C D F E

A, B, C	D	F	E
x x x x x x	2 3 c c 3 2	2 3 4 4 3 2	2 3 4 4 3 2
a b c c b a	6 3 0 0 3 6	6 3 0 0 3 6	6 3 0 0 3 6
a 3 c c 3 a			

Outro aspecto a ser considerado é a maior ou a menor lista dos números possíveis empregando esta ou aquela informação. A hipótese de maior quantidade viável enumerada pode levar a falhas proveniente da sua não completabilidade e a desestímulo para os alunos. É o que se observa com a ordem A B D F E C; a informação D fornecerá 20 possibilidades, a seguir indicadas:

40cc04	42cc24	44cc44	46cc64	48cc84
80cc08	82cc28	84cc48	234432	88cc88
21cc12	23cc32	25cc52	86cc68	29cc92
61cc16	63cc36	65cc56	27cc72	69cc96

Em continuação, usando F, ainda obtém-se nove; e cinco com E.

Ao interessado sugerimos empregar a ordem A B F C D E; ao usar F encontrará 40 (!!!) viáveis.

PROBLEMA 2: NÚMERO MISTERIOSO

Informações

A – Sou um número de quatro algarismos distintos;

B – Sou menor que 2000;

C – O número dado pelo meu algarismo das dezenas é o dobro do correspondente do número ao algarismo das centenas;

D – Sou múltiplo de 3;

E – Sou divisível por 4;

F – A soma dos números representados pelos algarismos da unidade e das unidades de milhar é igual à soma daquele das centenas com o das dezenas.

Problema: Qual sou?

Comentário: Esta situação-problema apresenta uma novidade, resolvida passo a passo na ordem dada (A B C D E F) fornece o número 1368.

A, B	C	D	E	F
1 x y z	124 z	1245 1248	1248	1368
	136 z	1362 1365 1368	1368	
	148 z	1482 1485		

Todavia, resolvida, por exemplo, na ordem A B C E F D, descobre-se o número 1368 sem usar a informação D; ela é *supérflua*, mas poderá ser empregada para *confirmação*.

A, B	C	E	F
1 x y z	124 z	1240 1248	1368
	136 z	1360 1364 1368	
	148 z	1480	

Sugerimos resolver usando a ordem A B F C E D, quando deverá acontecer o mesmo fato; é, porém, mais trabalhosa.

PROBLEMA 3: UM NÚMERO DE SETE ALGARISMOS

Informações

A – O número tem sete algarismos;

B – Os algarismos das unidades, unidades de milhar e unidades de milhão são 1, 2 e 5, mas não respectivamente;

C – Os dois algarismos 4 estão juntos;

D – O algarismo 3 está entre os dois algarismos 2;

E – O valor relativo do algarismo 5 é superior ao do algarismo 1;

F – Os algarismos 1 e 5 estão no começo e no fim do numeral, não respectivamente;

G – O valor relativo do algarismo 3 é menor que o valor relativo de qualquer algarismo 4.

Problema: Qual é o número?

Comentário: Usando a ordem dada, em B já se tem seis opções:

```
1 x x 2 x x 5      1 x x 5 x x 2      2 x x 1 x x 5
2 x x 5 x x 1      5 x x 1 x x 2      5 x x 2 x x 1
```

Agora, utilizando a informação C, cada possibilidade anterior fornecerá duas opções para os dois 4 juntos, passando a 12 opções; e assim poder-se-á, com bastante trabalho e atenção, chegar ao número 5442321.

No entanto vejamos o que acontece se empregarmos as ordens seguintes:

Ordem A F D C G E B:

A, F	D	C	G	E	B
5 x x x x x 1	5 2 3 2 x x 1	5 2 3 2 4 4 1			
	5 x 2 3 2 x 1				
	5 x x 2 3 2 1	5 4 4 2 3 2 1	5 4 4 2 3 2 1	5 4 4 2 3 2 1	Supérflua, serve apenas para verificação.
1 x x x x x 5	1 2 3 2 x x 5	1 2 3 2 4 4 5			
	1 x 2 3 2 x 5				
	1 x x 2 3 2 5	1 4 4 2 3 2 5	1 4 4 2 3 2 5		

Ordem A D F C G B E

A, D	F	C	G	B	E
2 3 2 x x x x					
x 2 3 2 x x x	1 2 3 2 x x 5	1 2 3 2 4 4 5			
x x 2 3 2 x x	5 2 3 2 x x 1	5 2 3 2 4 4 1			
x x x 2 3 2 x	1 x 2 3 2 x 5				
x x x x 2 3 2	5 x 2 3 2 x 1				
	1 x x 2 3 2 5	1 4 4 2 3 2 5	1 4 4 2 3 2 5	1 4 4 2 3 2 5	
	5 x x 2 3 2 1	5 4 4 2 3 2 1	5 4 4 2 3 2 1	5 4 4 2 3 2 1	5 4 4 2 3 2 1

Neste quadro é interessante analisar a coluna de B antes de E, e também em comparação com o quadro anterior.

EXERCÍCIOS

N.1 – Número X

A – O número X possui três algarismos;

B – A soma dos números corespondentes aos algarismos das centenas e das dezenas de X é 9;

C – A soma dos números correspondentes aos algarismos das dezenas e das unidades de X é 11;

D – O número X é divisível por 3;

E – O número X é maior que 300;

F – A soma dos números correspondentes aos algarismos das centenas e das unidades de X é 16.

Problema:

a) Descobrir X passo a passo na ordem dada e na ordem A B C F D E;

b) Qual é o menor número de informações necessárias?

c) Descobrir X algebricamente usando A, B, C e F.

N.2 – Número Y

A – O número Y trem 5 algarismos;

B – Y é palíndromo;

C – O produto dos números correspondentes aos seus algarismos das centenas e das unidades é 42;

D – O número correspondente ao seu algarismo das dezenas é raiz quadrada de um número de um só algarismo;

E – Y é divisível por 4;

F – O número correspondente ao seu algarismo das dezenas de milhar é o dobro daquele das unidades de milhar.

Problema:

a) Descobrir Y passo a passo na ordem dada e também na ordem A B D E F C.

b) Será que dá para descobrir com a ordem A F B C D E?

c) Qual o menor número necessário de informações?

N.3 – O retângulo de Madalena

Madalena tinha quadradinhos iguais e com eles construiu um retângulo certinho, juntando-os em filas verticais e horizontais, connforme mostramos:

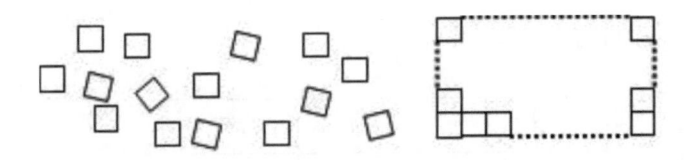

A – O perímetro do retângulo é de 32 unidades;

B – O retângulo não ficou um quadrado;

C – O retângulo de Madá tinha mais filas verticais que horizontais;

D – Ela usou mais que 30 quadradinhos;

E – Mas empregou menos que 50 quadradinhos;

F – O número de filas horizontais é par.

Problema:

a) Descobrir a área do retângulo usando as informações na ordem dada e na ordem A B E F C D;

b) Desenhar o retângulo de Madalena.

RESPOSTAS DOS EXERCÍCIOS

N. 1 – NÚMERO X

a) Ordem dada

A, B	C	D	E	F
18c	183	183		
81c				
27c	274			
72c	729	729	729	729
36c	365			
63c	638			
45c	456	456	456	
54c	547			

b) Ordem A B C F D E

A, B	C	F	D, E
18c	183		Supérfluas
81c			
27c	274		
72c	729	729	
36c	365		
63c	638		
45c	456		
54c	547		

c) Quatro informações são suficientes, mas dependente da ordem empregada.

d) Algebricamente – A, B, C e F

    A   número X = a b c
    B $a + b = 9$, C $b + c = 11$, F $a + c = 16$

Adicionando as igualdades membro a membro temos $2a + 2b + 2c = 36$ ou $a + b + c = 18$; de onde subtraindo cada igualdade anterior obtém-se sucessivamente $c = 9$, $a = 7$ e $b = 2$.

n. 2 – NÚMERO Y

a) Ordem dada:

A, B	C	D	E	F
a b c b a	7b6b7	70607		
	6b7b6	71617		
		72627		
		73637		
		60706		
		61716	61716	
		62726		
		63736	63736	63736

Ordem A B D E F C:

A, B	D	E	F	C
a b c b a	a0c0a	40c04		
	a1c1a	21c12	21c12	
	a2c2a	61c16		
	a3c3a	42c24	42c24	
		82c28		
		23c32		
		63c36	63c36	63736

b) Ordem A F B C D E? SIM

A	F	B	C	D, E
a b c d e	21cde	21c12		Supérfluas
	42cde	42c24		
	63cde	63c36		
	84cde	84c48	63736	

c) Quatro informações.

n. 3 – RETÂNGULO DA MADALENA

a) Ordem dada:

A – Sendo de 32 unidades o perímetro, então o semiperímetro é de 16 unidades de comprimento e, portanto, teremos para o número de filas verticais (base) e o de filas horizontais (altura) as seguintes possibilidades:

1 e 15	2 e 14	3 e 13	4 e 12	5 e 11
6 e 10	7 e 9	8 e 8	9 e 7	10 e 6
11 e 5	12 e 4	13 e 3	14 e 2	15 e 1

B – Devemos eliminar só os que são iguais (8 e 8):

1 e 15	2 e 14	3 e 13	4 e 12	5 e 11
6 e 10	7 e 9	9 e 7	10 e 6	11 e 5
12 e 4	13 e 3	14 e 2	15 e 1	

C – Ficamos com aqueles que possuem o 1º maior que o 2º:

9 e 7   10 e 6   11 e 5
12 e 4   13 e 3   14 e 2
15 e 1

D – Eliminamos os dois últimos (seus produtos não são maiores que 30):

9 e 7   10 e 6
12 e 4   13 e 3
11 e 5

E – Ficamos com os de produto menor que 50:

12 e 4   13 e 3

F – Desde que só o primeiro é com par então a solução é dada por 12 e 4.

Solução: A área do retângulo é de 12 x 4 = 48 quadradinhos.

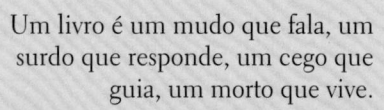

b)

> Um livro é um mudo que fala, um surdo que responde, um cego que guia, um morto que vive.
>
> Padre Antônio Vieira

QUARTA PARTE

MISCELÂNIA

> O que sabemos é uma gota; o que ignoramos é um oceano.
>
> NEWTON

CAPÍTULO 11
DIVISÃO DE FIGURAS EM PARTES IGUAIS

INTRODUÇÃO

Um problema recreativo bastante usual, cujo enunciado é "Dividir o polígono em quatro figuras iguais" ou similar, tem, na sua solução única, as partes *semelhantes à original*.

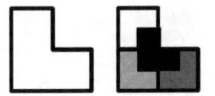

Essa simples e interessante questão, além de estar em vários textos didáticos, pode ser encontrada em obras recreativas; por exemplo, em Siegfried Moser (1973) e Brian Bolt (1982). Aparece em divisão de terreno com árvores, o que não o tornam mais difícil, pelo contrário, facilitam, em Tom Verneck (1979) e J. C. Mello e Souza (1944).

Entretanto, investigando sua existência em outras obras, descobrimos na de Boris Anastas'evich Kordensky (1956) dois *puzzles* que julgamos indícios históricos da gênese do problema de Divisão (dissecção ou decomposição):

Planning a garden: "16 palitos arranjados na forma de um quadrado representam uma cerca rodeando uma casa (de 4 palitos). Usando mais 10 palitos, divida o jardim em cinco setores idênticos em forma e medida".

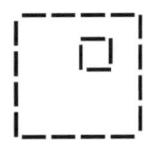

Garden and well: "Aqui temos um jardim, formado com 20 palitos; no centro há uma fonte quadrada (4 palitos). Dividir o jardim usando mais 20 palitos em oito partes de idênticas forma e medida".

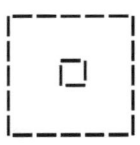

Em ambas as soluções empregam-se figuras com forma de três quadrados, o que hoje chamamos de *triminó não reto*, as quais provavelmente deram origem ao problema anterior comentado e geraram a *Repartição por Semelhança*. A divisão, com exigência de que as partes congruentes sejam todas semelhantes à original, teve um *marco inicial* no trabalho de Dudley Langford (1940). Nesse artigo, o autor exigia que a divisão fosse com *quatro* figuras. Além do quadrado, paralelogramo e triângulo, facilmente decomponíveis, forneceu mais sete figuras, a primeira coincidente com a dos comentários anteriores; outras cinco relacionadas abaixo e uma sétima formada por quadrados conectados apenas por um vértice, que excluímos. Langford perguntou:

"Há mais figuras como as de 1 a 7, ou pode-se provar que não há mais?" [15]

Após poucos trabalhos relativos, como o de Grosmann (1948) e o de divulgação de Martin Gardner (1964), encontramos *novo marco* com o notável artigo de Solomon Golomb (1964), que apresenta as belas figuras *Snail, Carpenter's plaine e Pyramid hexiamonde*.[16] Este autor amplia a lista e teve, em nosso entender, o mérito de *inverter* o problema de divisão em formulação equivalente de juntar figuras congruentes a uma delas (quatro réplicas) para formar uma *dupla* da original (duplicação).

Essa condição de construir figura semelhante com razão 2 denominada por ele de *Replicação* foi sem dúvida a fonte para interessantes atividades educacionais. Na década de 1970 surgiram as primeiras aplicações educacionais da Replicação à Semelhança, com situações-problema não só de duplicação, mas de triplicação (razão 3), quadruplicação (razão 4), etc., deixando de se ter apenas a existência do tema em pesquisa matemática, ou de simples atividades lúdicas, para o desenvolvimento do raciocínio, principalmente pela sua aplicação no ensino-aprendizagem.

O aparecimento simultâneo dos *poliminós*, também com Golomb (1965), enriqueceu o tema e suscitou o início do estudo de problemas de divisão em partes iguais, sem a exigência de semelhança com a figura original, como é o caso dos trabalhos de Klarner (1965) e de Walkup (1965), e ainda deu origem a outras situações-problema de divisão de figuras.

Há alguns anos, lendo o livro de Pierre Berloquin (1973), tradução da Gradiva de 1991, encontramos *divisão de figuras não retangulares em apenas duas partes iguais*.

Voltamos a consultar a pequena obra em 1º de março de 1999, conforme anotações, numa atitude mais investigativa, quando verificamos a existência, entre os 100 enunciados de problemas (com soluções concentradas no final), de seis cuja característica é

---

[15] Tradução livre de: *"Are there more figures like fig. 1-7, or can it be proved that there cannot be any more?"*.

[16] Hexiamionde = seis triângulos equiláteros conectados. Ver BARBOSA (2005b).

que suas duas partes iguais não tinham a condição de serem semelhantes à original. Começamos nosso trabalho pela descoberta de outras divisões de suas figuras em *número maior de partes*, algumas colocadas em suas margens. Ao tentarmos estender as situações-problema para outras figuras, percebemos e nos convencemos da possibilidade de transformá-las em atividades educacionais. Sentimos pela motivação emergente da possível contribuição ao desenvolvimento de habilidades, percepção espacial, além de servir como facilitadoras da introdução ou fixação de conceitos de área.

Como não poderia ser diferente, empregamos nas nossas figuras, também não retangulares, que denominamos figuras-padrão, três de Berloquin, as duas do n. 23 e a do n. 43. Para cada figura-padrão são criadas várias atividades educacionais correspondentes respectivamente a divisores especiais.

Adaptamos nosso texto com a finalidade de gestão de atividades em sala de aula, procurando contemplar uma abordagem investigativa das situações pelos alunos. Na tentativa de deixá-lo em concordância com os dizeres da Dra. Miriam G. Penteado (UNESP), uma atividade-modelo é fornecida buscando mostrar, num cenário fictício, como o estudante *seria conduzido a experimentar, reformular e explorar a situação em investigação*. Nesse mister o leitor perceberá um papel preponderante dado aos poliminós, no caso das experimentações e reformulações, e ao desenvolvimento da criatividade dos alunos. Também aspectos exploratórios mereceram cuidados, desde aqueles de contagem até os de soluções encadeadas sucessivamente. De acordo com o pensar da Dra. Regina C. Grando (Univ. São Francisco), procuramos com as atividades propostas envolver os estudantes não os restringindo ao fato de jogar nas diversas situações-problema, mas, ao procurar solucioná-las, *que eles joguem com a própria Matemática, realizando reflexões matemáticas, experimentando, reformulando e explorando* a matemática subjacente. Assim, procurando fazer as palavras do Dr. Ole Skovsmose (Univ. Aalborg) um dos objetivos maiores deste capítulo, orientamo-nos em conseguir conexão entre **Matemática, Brincadeira e Criatividade**.

ATIVIDADE MODELO

Consideraremos a figura a seguir como a Figura Padrão Modelo (FPM) para várias atividades. Em sala de aula fornecem-se aos alunos alguns conjuntos de folhas contendo cada uma várias cópias de uma mesma figura padrão.

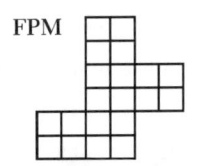

Sugerimos inicialmente aproveitar a figura para recordar o conceito de área, estabelecendo que cada quadrícula será uma unidade de medida da superfície; a FPM terá área A1 = 20. ☐

Situação-problema 1

Dividir a FPM em cinco figuras iguais – mesma forma e medida (área).

Deverá ser ressaltado que a sua divisão será em cinco quadrados, como mostra a figura. É óbvio que um diálogo diagnosticador da solução se faz adequado. É apenas necessário que se contemple a verificação de formas iguais (quadrados) e medidas iguais (lados dos quadrados com duas unidades de comprimento), ou áreas iguais (4 quadradinhos).

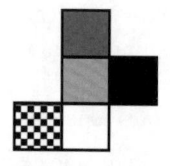

Nota: Insistir que é possível se ter a FPM dividida em cinco figuras com áreas iguais, mas com formas diferentes e, portanto, não será solução da situação-problema. Da mesma maneira, a FPM também pode ser dividida em cinco figuras com formas diferentes e áreas diferentes, e não será solução.

Situação-problema 2

Dividir a FPM em quatro figuras que possuam entre si a mesma forma e medida (área).

Após um pequeno tempo de espera, de alguma solução, para a situação-problema, é bem possível que ela não apareça! Acreditamos que seja útil uma intervenção do professor.

Seja um possível diálogo:

P: Qual deve ser a área de cada figura? Como descobri-la?

Alunos: 20 por 4 dá 5, então a área de cada uma será igual a 5 quadradinhos.

P: (Elogio). E a forma de cada figura?!

Aluno X: Juntando os quadradinhos em fila.

Aluno Y: Podia ser formada de quatro em fila e um de lado; são duas formas.

P: Ótimo. Alguém descobriria outras figuras de cinco?

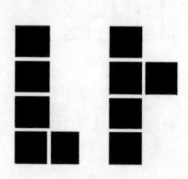

Sejam as seguintes algumas outras sugestões para as figuras:

Seria conveniente introduzir, caso ainda não tenha feito em outras atividades, a denominação "pentaminó"[17] para qualquer dessas formas. Existem 12 tipos de pentaminós: a primeira sugestão corresponde a um pentaminó chamado reto ou I, o segundo tipo sugerido e o terceiro é costume serem denominados L e Y, respectivamente; já o quarto é o T, o quinto é o pentaminó cruz, o sexto é o P, o sétimo é o U ou C, e Z alto, torneira, canto, etc.

TESTANDO

Para cada uma das figuras sugeridas é interessante discutir as suas viabilidades, explicando aos alunos que é assim que deverão proceder, investigar testando, tentando descobrir qual delas é que divide exatamente a FPM em quatro.

Só com a peça pentaminó P é obtida solução; é única. Lembrar que é tão importante descobrir que existe *unicidade* quanto descobrir várias soluções.

Situação-problema 3

Dividir a FPM em dez figuras que possuam, entre si, a mesma forma e medida (área).

Para esta situação os alunos descobrirão uma solução principalmente se lembrarem que a área de cada uma deve ser dada por 2 quadradinhos (encontrada de 20□ : 10 = 2□); portanto, a figura possível pode ter a forma de um dominó (dois quadradinhos conectados).

Uma solução fácil é dada na primeira figura.

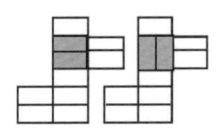

Essa situação, porém, possibilita outras explorações:

Uma exploração realiza-se com simples intervenção, indagando se existe outra solução e se experimentaram colocar dominós que são retângulos 2 x 1 em posição 1 x 2.

---

[17] Pentaminó é um *polimino* com cinco quadrados congruentes conectados pelo menos por um lado. Ver, por exemplo, BARBOSA (1993, cap.7) ou BARBOSA (2005).

Descobrir-se-á que basta virar um só conjunto de dois da posição horizontal para vertical, conforme a segunda figura. É claro, é possível que haja surpresa, refletida pela pergunta:

– Mas é outra solução? Estamos usando também só dominós!

Caberá o esclarecimento de que a disposição das figuras componentes sendo diferente torna a solução diferente. Uma segunda exploração[18] resultará de pergunta:

– Quantas soluções existem virando cada vez um conjunto de dois dominós?

A partir da disposição dada, obtem-se $2 \times 2 \times 2 \times 2 \times 2 \times 2 \times 2 = 2^7 = 128$ soluções (diferentes), pelo fato de que podemos dispor cada dois dominós vizinhos de duas maneiras, uma horizontal e uma vertical.

Mas curiosa é a seguinte exploração, que pode ser obtida com a pergunta:

– Existiriam outras soluções além dessas anteriores?

O emprego de dominós (ou tijolinhos) é o mesmo que utilizar a figura da divisão em cinco partes e dividir cada uma ao meio, e a divisão ao meio de cada um dos quadrados pode ser feita também com as diagonais respectivas.

Que beleza ! Que tal agora indagar:

– Existiriam outras soluções?

Bastaria usar a outra diagonal. Temos mais 32 outras soluções.

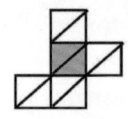

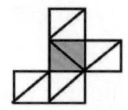

Observação final: É interessante destacar que a figura padrão, a despeito de possuir por área 20 quadradinhos, não pode ser dividida em só duas figuras iguais.

ATIVIDADES PRÁTICAS

Atividade 1

Considerar a figura padrão 1 (FP-1), também de área 20 quadradinhos.

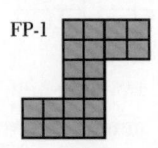

Situação-problema 1: Dividir a FP-1 em duas figuras iguais (forma e área).

---

[18] Interessante para turmas do Ensino Médio, já que envolve o princípio multiplicativo da combinatória.

Situação-problema 2: Dividir a FP-1 em quatro figuras iguais.
Situação-problema 3: Dividir a FP-1 em cinco figuras iguais.
Situação-problema 4: Dividir a FP-1 em dez figuras iguais.

Atividade 2

Considerar a figura padrão 2 (FP-2) (de 20 quadradinhos).

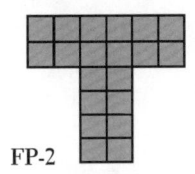

Situação-problema 1: Dividir a FP-2 em duas figuras iguais.
Situação-problema 2: Dividir a F-2 em quatro figuras iguais.
Situação-problema 3: Dividir a FP-2 em cinco figuras iguais.
Situação-problema 4: Dividir a FP-2 em dez figuras iguais.

Atividade 3

Considerar a figura padrão 3 (FP-3) (também de 20 quadradinhos).

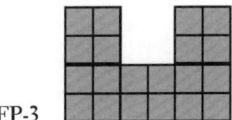

Situação-problema: Dividir a FP-3 em quatro figuras iguais.

Atividade 4

Considerar a FP-4 (com área de 24 quadradinhos).

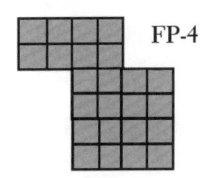

Situações-problema: Dividir a FP-4 em duas, três, quatro, seis, oito e doze figuras iguais.

NOTA: As divisões em 12 são muito fáceis.

Atividade 5

Considerar a FP-5 (área de 24 quadradinhos).

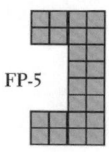

FP-5

Situações-problema: Dividir a FP-5 em três, quatro, seis, oito e doze. São fáceis, principalmente em duas partes é muito simples.

Atividade 6

Considerar a FP-6 (área de 40 quadradinhos).

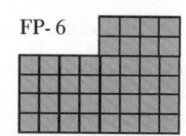

FP-6

Situações-problema: Dividir a FP-6 em duas, cinco, oito, e dez partes iguais.

Atividade 7

Considerar a FP-7 (área de 48 quadradinhos).

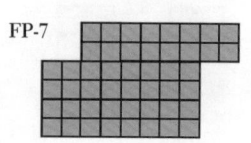

FP-7

Situações-problema: Dividir a FP-6 em duas, três, quatro, seis, oito, e dezesseis partes iguais.

SOLUÇÕES DE ALGUMAS SITUAÇÕES-PROBLEMA

Atividade 1: SP1 – duas partes iguais

Nota: Observar o padrão na sucessão de soluções; todas possuem simetria rotacional de semi-giro.

Atividade 1: SP2 – quatro partes iguais

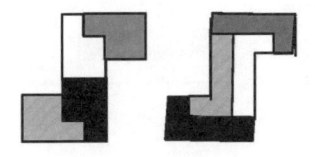

Atividade 2: SP1 – quatro partes iguais

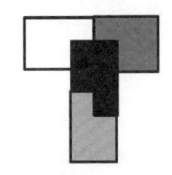

Atividade 3: SP2 – quatro partes iguais

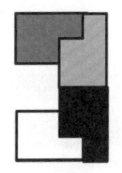

Atividade 4

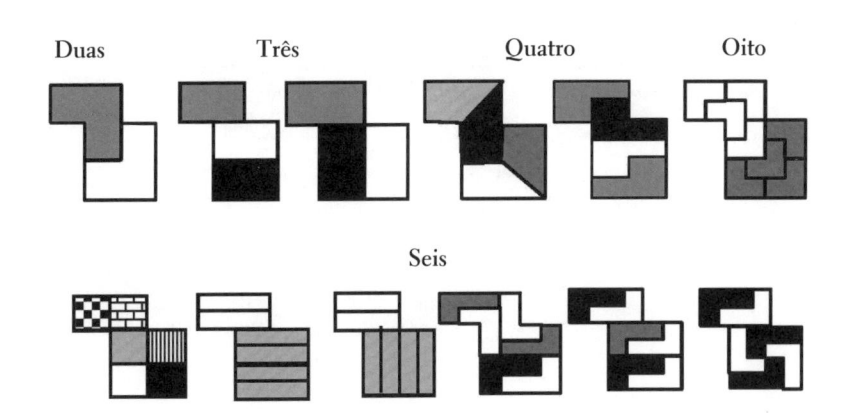

Duas   Três   Quatro   Oito

Seis

Atividade 6

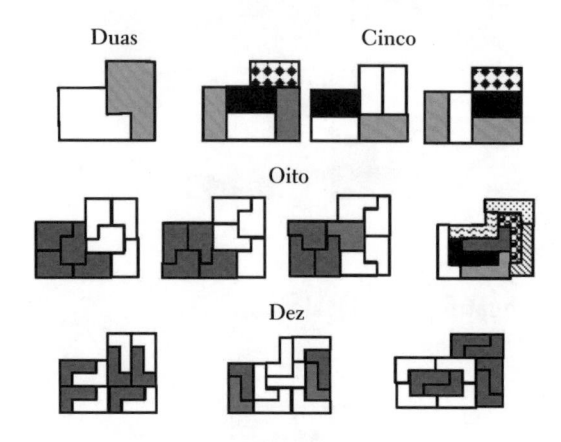

Duas

Cinco

Oito

Dez

Atividade 7

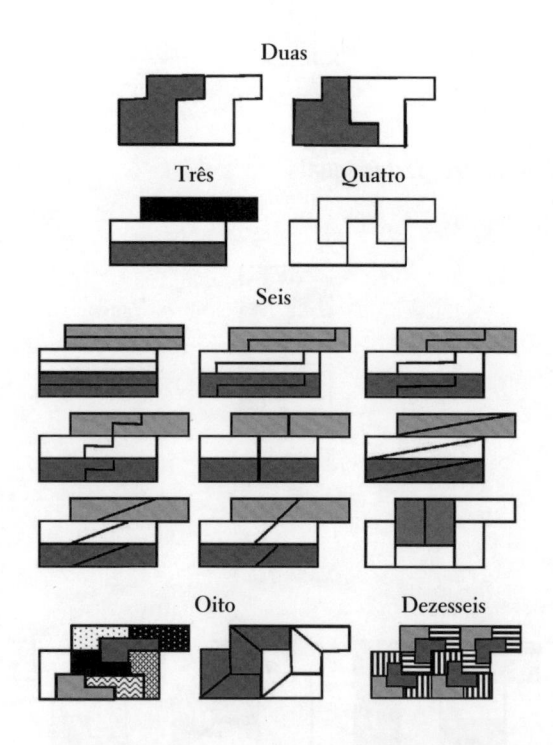

Duas

Três   **Quatro**

Seis

Oito   **Dezesseis**

> Não se pode ensinar coisa alguma a alguém, apenas pode-se auxiliá-lo a descobrir por si Mesmo.
>
> GALILEU

CAPÍTULO 12
REDES DE PONTOS

INTRODUÇÃO

O geoplano (ou prancha de pinos) é um material pedagógico para a sala de aula. Existem fundamentalmente três tipos: redes quadrangulares, triangulares isométricas e circulares (Menino *et al.*, 2001, 2002). Para o texto deste capítulo optamos por trabalhar usando redes de pontos, já que equivalentes a sua utilização em folhas chamadas "papel de pontos" possibilitam o uso de lápis e borracha no lugar de elásticos. Trataremos de três grupos de atividades, cada uma específica para uma das três redes de pontos, e também para trabalhos práticos e tarefas.

A – CORDAS EM REDES CIRCULARES

Esta atividade desafia o aluno a descobrir, por meio de construção e contagem, ou de um recurso de contagem indireta, um número determinado de cordas sujeitas a condições fixadas. Objetiva apresentar, explorar e fixar conceitos, conduzindo os educandos à descoberta de alguma estratégia e, eventualmente, à generalização e busca de padrões.

Situação

É dada uma rede circular de pontos.

Problemas:

a) Qual número máximo de cordas podemos construir, desde que não se cruzem e seus extremos não sejam pontos consecutivos da rede?

b) De quantas maneiras isso pode ser feito?

Sugestões de encaminhamento

1) Aconselhamos dar ilustrações de rede circular com um número grande de pontos para esclarecer ambos os problemas.

A seguir, ilustramos com quatro exemplos, usando rede circular de 24 pontos, quando em todos o número máximo de cordas é 21; e as configurações apresentam belo visual motivador.

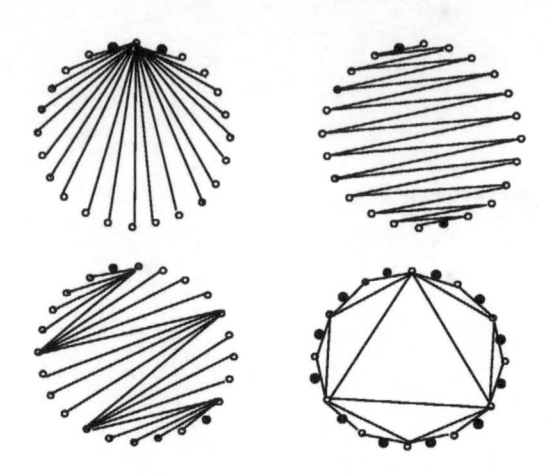

Nos quatro exemplos, todas as 21 cordas não se cruzam, seus extremos não são pontos consecutivos da rede circular e não é possível construir mais qualquer corda sem infringir essa condição. Em particular, nos três primeiros exemplos sobram 2 pontos sem uso, mas no quarto sobram 12 pontos.

2) Deve-se direcionar e até conter as ações, pois não é conveniente tentar cumprir as duas tarefas propostas ao mesmo tempo; pois, se realizadas simultaneamente, poderão tornar-se confusas, levando ao desinteresse e consequente desistência.

3) Deve-se iniciar a investigação com rede de *seis pontos*; a experiência nos mostrou que o uso de 2, 3 ou 4 pontos dificulta a visualização da circunferência, descaracterizando a atividade, e com cinco pontos é, infelizmente, pobre em exemplos.

TRABALHANDO COM REDE DE SEIS PONTOS

É dada uma rede circular de seis pontos A, B, C, D, E e F. É preciso selecionar um deles para construirmos a primeira corda.

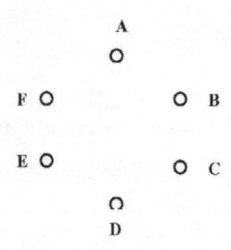

a) Primeiro tipo de configuração

Qualquer corda construída de A não pode ter o outro extremo em B nem em F. Segue que traçando as cordas AC, AD e AE as condições do problema são satisfeitas. Construímos *três* cordas, e mais nenhuma pode ser acrescentada. Podemos obter mais cinco configurações análogas, a partir de B, de C, de D, de E e de F, fáceis de se obter por rotações sucessivas de 60°.

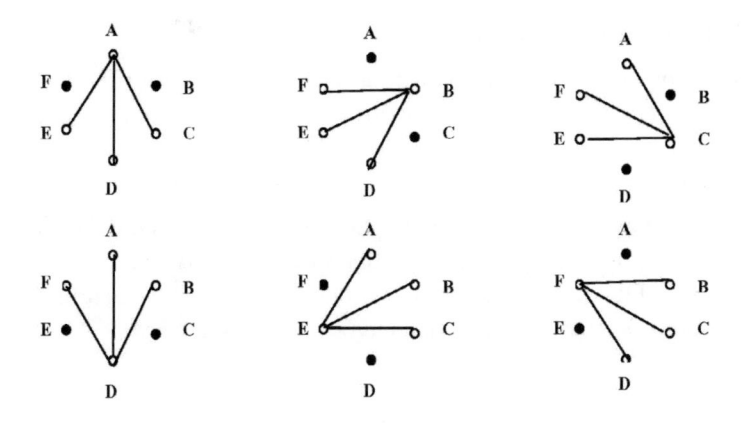

É interessante que haja um diálogo para se discutir e considerar a equivalência entre as seis configurações, com apelo à forma ou ao aspecto, elas constituem uma *classe de equivalência*.[1] Diz-se que qualquer delas *representa* a classe. Em resumo, temos nessa classe o máximo de cordas possíveis dado por max c = 3. O padrão é caracterizado pelo fato de as cordas serem concorrentes num só ponto.

b) Segundo tipo de configuração

As configurações desta classe possuem a forma triangular e, de novo, max c = 3; porém, agora, a classe só possui dois elementos, já que ao girarmos em 60°, na terceira vez repete-se a primeira, na quarta repete-se a segunda,etc.

c) Terceira classe de configurações

Temos max c = 3 novamente, mas o número de diagramas não é seis, o que se pode pensar ao dar giros de 60° na configuração, já que no quarto e nos seguintes repetem-se as três primeiras.

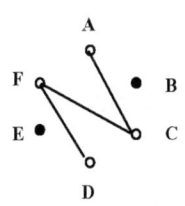

___
[19] Toda classe de equivalência goza das propriedades reflexiva, simétrica e transitiva.

d) Existiria uma quarta classe?

Podemos trocar na configuração anterior a corda intermediária CF pela corda AD, então obteremos um diagrama com visual que se apresenta idêntico. Todavia, apenas efetuando rotações de configuração da terceira classe não será possível fazê-la coincidir com a nova.

A rigor, o novo diagrama pode ser obtido do anterior por simetria reflexional em relação a um eixo que possui o centro ("passa" pelo centro) da rede circular e é paralelo às cordas AC e DF. Segue que seria aceitável juntar as duas classes numa única com seis representantes. Mas, por outro lado temos novamente max c = 3.

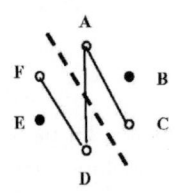

Conclusão: Observando os resultados anteriores, por enquanto, podemos concluir que, para rede circular de seis pontos temos

max c = 3

número de classes = 4

número de configurações = 6 + 2 + 3 + 3 = 14

TRABALHANDO COM REDE DE CINCO PONTOS

Resumo:

max c = 2

classe única

número de configurações = 5

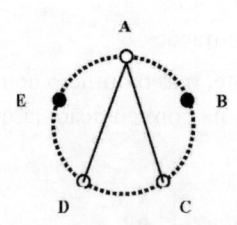

TENTANDO DESCOBRIR RESPOSTA DO PROBLEMA (b)

Observando os resultados parciais para redes com 24, 6 e 5 pontos com os máximos obtidos 21, 3 e 2, respectivamente, percebe-se uma relação comum para elas: os máximos são três unidades a menos que o número (n) de pontos da rede. Daí tentarmos a *inferência* (apenas *plausível*): max c = n − 3; fórmula que poderemos conferir para outros casos particulares:

Caso n = 3
max c = 0

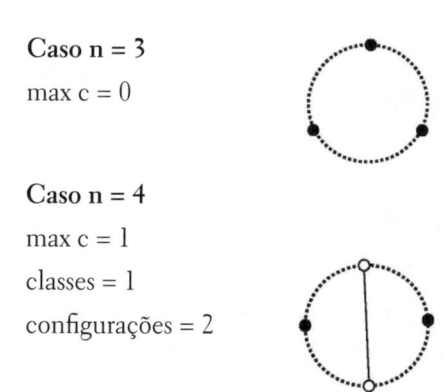

Caso n = 4
max c = 1
classes = 1
configurações = 2

Já que os máximos, nos dois casos, satisfazem a fórmula [20], a inferência torna-se *credível* [21]; aliás, nos exercícios práticos que proporemos, ela tornar-se-á bem credível [22].

MATEMÁTICA SUBJACENTE AO ENSINO MÉDIO

Fornecemos um procedimento inédito além de motivador, já que ele possibilita, por um lado, a obtenção das configurações equivalentes de uma classe sem construí-las e, por outro, trabalhar gostosamente com permutações cíclicas.

Ilustração 1: Rede circular de 6 pontos

a) Primeira classe:

Anotamos a primeira configuração indicando simbolicamente as suas cordas pelos seus extremos e, para obter os diagramas equivalentes, aplicamos permutações circulares sobre as letras, respeitando a ordem alfabética:

AC + AD + AE   CE + CF + CA   EA + EB + EC
BD + BE + BF   DF + DA+ DB   FB + FC + FD

NOTA: Continuando a permutar ciclicamente as letras voltamos à primeira.

b) Segunda classe:

Na sua primeira configuração temos, então, um ciclo ternário. De acordo com o realizado acima, se iniciarmos com uma letra devemos terminar com a mesma letra, fechando o ciclo:

ACEA   BDFB

---

[20] max c = 3 − 3 = 0 e max c = 4 − 3 = 1.

[21] Na aprendizagem, basta que o aluno se convença da veracidade, por isso, neste livro, não nos preocupamos em prová-la.

[22] Na matemática, a prova é imprescindível, a sua história contém casos em que conjecturas foram derrubadas com contraexemplos.

E, novamente, se continuarmos permutando as letras na ordem alfabética, obtemos CEAC, que nada mais é que a primeira configuração, com o ciclo agora começando com C. Em resumo, só duas configurações são obtidas.

c) Terceira classe:

Temos configuração constituída por uma poligonal aberta:

         ACFD   BDAE   CEBF

Porém, se continuarmos, obtemos DFCA, que é a poligonal da primeira configuração, mas com começo na outra extremidade.

d) Quarta classe

Teremos:

         CADF   DBEA   ECFB

Ilustração 2: Rede com oito pontos

Tendo por meta elucidar possíveis dúvidas, usaremos o procedimento algébrico apenas para as duas classes selecionadas seguintes. Continuamos a usar o ponto superior ainda A, e os outros no sentido horário correspondem à ordem alfabética, mas não os indicamos nos diagramas por dificuldade técnica.

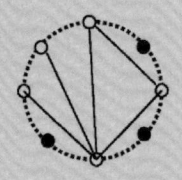

ACEA + EG + EH   EGAE + AC + AD
BDFB + FH + FA   FHBF + BD + BE
CEGC + GA + GB   GACG + CE + CF
DFHD + HB + HC   HBDH + DF + DG
max c = 5 = 8 − 3

A classe tem oito representantes.

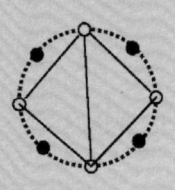

ACEA + AEGA   ou   ACEGA + AE
BDFB + BFHB   ou   BDFHB + BF
CEGC + CGAC   ou   CEGAC + CG
DFHD + DHBD   ou   DFHBD + DH
max c = 5 = 8 - 3

A classe tem quatro representantes.

EXERCÍCIOS PRÁTICOS

1. Construir pelo menos um representante de cada classe com o máximo possível de cordas que não se cruzem e cujos extremos não sejam pontos consecutivos em redes circulares de: a) 7 pontos, b) 8 pontos, c) 9 pontos, verificando a validade da fórmula do número máximo.

2. Descobrir todas as configurações equivalentes de cada classe usando o procedimento algébrico.

Fonte: A criação, a investigação e a discussão foram desenvolvidas pelo Grupo Geoplano de Estudo e Pesquisa (GGEP) do IMESC, em 2005 e no início de 2006, composto pelos docentes pesquisadores: Ms. Iara S. Tiggemann, Ms. Karine Bobadilha, Ms. Sirlei Tauber e Ms. Maria Christina. B. de Marques; grupo que tivemos o prazer de coordenar. Em particular, essa situação problema[23] foi tema desenvolvido mais especificamente por Maria Christina e pelo autor do livro.

B – CAMINHOS EM REDES QUADRANGULARES

Esta atividade, de fácil aplicabilidade no Ensino Fundamental, é adequada para a introdução, a exploração ou a fixação de alguns conceitos de geometria plana, é um recurso valioso para o desenvolvimento do raciocínio, da imaginação e da percepção de contiguidades com seus desafios. Também possibilita o tratamento com classes de equivalência de padrões simetricamente equivalentes.

Situação

É dada uma rede quadrangular de 3x3 pontos.

Problema: Construir todos os caminhos de recobrimento com origem e extremidade fixadas e vértices só em pontos da rede, desde que não cruzem com eles próprios.

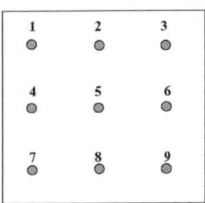

Sugestões de encaminhamento

1) Sugerimos iniciar com algumas ilustrações de esclarecimento do problema.

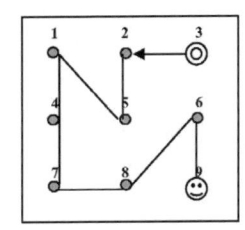

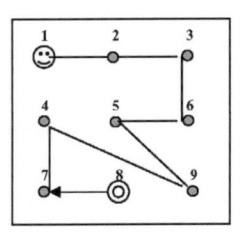

---

[23] Outra situação-problema investigada pelo mesmo grupo diz respeito ao "número máximo de cordas de mesmo comprimento sob as condições de não se cruzarem e sem extremos em comum".

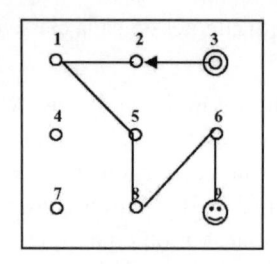

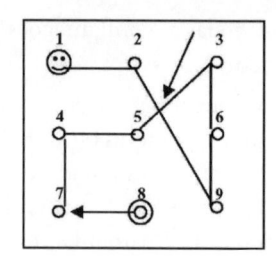

Assim, nas duas primeiras figuras temos dois *caminhos de recobrimento*, ou simplesmente *recobrimentos*, porque ambos possuem todos os pontos da rede 3x3 como vértices do caminho; o primeiro com origem no ponto 3 e extremidade no ponto 9, o segundo com origem no ponto 8 e extremidade no 1.

Porém, na terceira figura, o diagrama não é um caminho de recobrimento, mesmo sendo um caminho de origem no 3 e extremidade no 9, pois os pontos 4 e 7 da rede não são vértices do caminho. Também o caminho de recobrimento da quarta figura não é solução do problema proposto, já que não satisfaz a condição de não cruzar consigo próprio, pois o trecho 9-2 cruza com o trecho 5-3.

2) A ocasião é propícia para recordar ou introduzir conceitos de geometria, como de segmentos de reta, segmentos consecutivos, poligonal plana aberta (possui dois extremos) e fechada (não possui extremos), poligonal simples (seus lados não se cruzam) e não simples (possui lados que se cruzam).

3) Suscitar, caso não tenha surgido, a *propriedade* que expressa o fato de que trocando a origem com a extremidade o diagrama é o mesmo, mas o caminho fica invertido. Ela torna possível eliminar nas figuras as indicações do vértice origem e vértice terminal.

TRABALHANDO COM SUCESSÕES NUMÉRICAS

Estabelecemos uma *notação de ordem* dos recobrimentos escrevendo a sucessão numérica dos vértices do caminho começando com o número do ponto de origem; portanto, o último número da sucessão será o número do ponto extremidade ou terminal do caminho.

Por exemplo, os dois recobrimentos anteriores serão anotados, respectivamente, 3 2 5 1 4 7 8 6 9 e 8 7 4 9 5 6 3 2 1.

Reciprocamente, a cada sucessão numérica com todos os números de 1 a 9, uma só vez cada um, corresponderá um recobrimento, satisfazendo ou não a condição de os seus lados não se cruzarem. Por esse motivo podemos chamar de caminho à própria sucessão.

Assim, 5 9 8 7 4 1 6 3 2 e 6 9 8 1 2 5 3 4 7 são sucessões numéricas representativas de recobrimentos de rede 3x3; porém, só a primeira é notação de um caminho que satisfaz as condições.

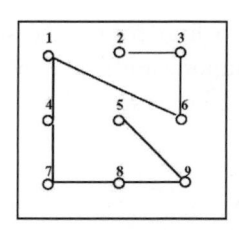

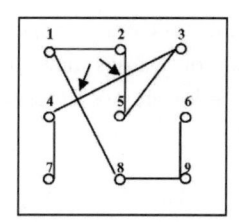

NOTA: Decorre, em consequência da propriedade citada, que, dada uma sucessão de recobrimento, corresponde outra sucessão numérica invertendo a ordem com o mesmo diagrama.

Uma bela aplicação no ensino-aprendizagem da notação de caminho por sucessão numérica, para o desenvolvimento da imaginação espacial, é apresentar a sucessão com lacunas a serem preenchidas para que o recobrimento não tenha cruzamento consigo próprio, conforme exemplificamos a seguir.

Seja a sucessão dada por 1 _ 7 _ _ _ _ 9 _ ; temos sete soluções:
    1 4 7 5 2 3 6 9 8   1 4 7 5 2 3 8 9 6   1 4 7 2 5 3 6 9 8
    1 4 7 2 5 3 8 9 6   1 4 7 2 3 6 5 9 8   1 4 7 2 3 5 6 9 8
    1 4 7 2 3 5 8 9 6

Classes de equivalência

Consideremos os dois particulares recobrimentos que satisfazem a condição de não terem cruzamentos dados pelos diagramas a seguir de 1 4 2 5 3 6 9 8 7 e 3 6 2 5 1 4 7 8 9:

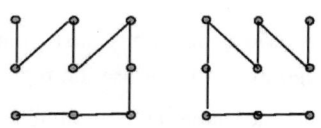

Observando os dois diagramas, verifica-se que eles possuem a mesma forma. Dizemos que se equivalem, pertencem à mesma classe. Poderíamos comparar com os caminhos de dois meninos: um sai do ponto 3 e vai para o ponto 9 fazendo um percurso análogo ao outro menino que vai do ponto 1 ao ponto 7.

Na verdade, os seus caminhos são simétricos por reflexão. Damos um recurso para obter caminhos da mesma classe de equivalência. Na primeira figura dada a seguir, aplicamos ao primeiro diagrama uma reflexão em relação ao eixo dos Y e, sucessivamente, reflexões em relação a X e Y, obtendo ao todo quatro diagramas equivalentes ou caminhos equivalentes.

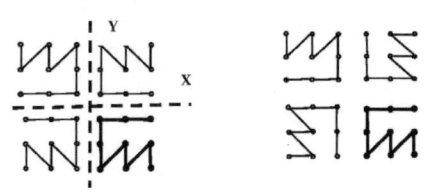

Na segunda figura aplicamos no primeiro diagrama rotações sucessivas de 90º no sentido horário; então obtivemos mais caminhos equivalentes, pois ao efetuarmos a segunda rotação (90º + 90º) temos a mesma obtida na segunda reflexão (o que sempre acontecerá).

EXERCÍCIOS

1) Construir pelo menos 10 recobrimentos de uma rede de 3x3 pontos sob a condição de não cruzarem com eles próprios, fornecendo as respostas em notação de sucessão numérica com origem 2 e terminal 7.

2) Preencher as lacunas, se possível, para que sejam recobrimentos que não se cruzem com eles mesmos:

a) 1 2 _ 6 _ _ _ 7 _   b) _ 5 _ _ 4 _ _ _ 8
c) _ 9 _ 3 _ _ _ 7 _   d) 1 _ 6 _ _ 7 _ _ 9 (cuidado!)

3) Descobrir os recobrimentos equivalentes ao recobrimento 2 5 1 4 7 8 3 6 9.

Fonte: O tema anterior também foi objeto de criação, investigação, estudo e extensão para rede 4x4 do GGEP. Em particular, foi desenvolvido pelas professoras Sirlei Tauber e Karine Bobadilha.

C – DIVISÃO DE HEXÁGONOS EM REDES TRIANGULARES ISOMÉTRICAS

Introdução

No cap. 11 estudamos a divisão de polígonos não regulares em partes iguais; neste, trataremos da divisão de hexágonos regulares usando redes isométricas.

Situação: São dados uma rede triangular equilátera e um hexágono regular com vértices em pontos da rede.

Problema: Dividir o hexágono regular em partes iguais com segmentos de reta de extremos em pontos da rede.

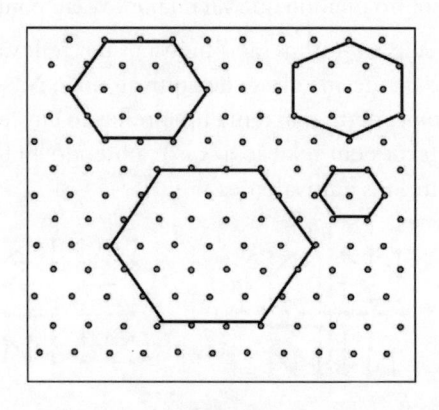

Sugestões de encaminhamento

1) Sugerimos mostrar que a rede é constituída de pontos distribuídos em vértices de triângulos equiláteros; portanto, as distâncias entre os pontos próximos é a mesma em toda rede; de onde a chamamos de isométrica.

2) Em seguida, identificar que os hexágonos da figura são regulares, o que é fácil, já que os ângulos dos triângulos da rede são de 60° e que temos hexágonos com várias medidas.

3) Selecionar um hexágono para ilustrações de algumas divisões simples em partes iguais.

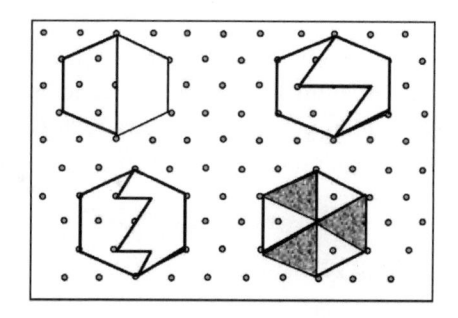

Um aspecto interessante é a verificação da igualdade das partes: por simples percepção visual, contando os pontos interiores; pela área[6] das partes, usando cada pequeno triângulo equilátero da rede como unidade de área; pela associação desses fatores ou ainda pelo traçado da divisória, que deve possuir o centro do hexágono, um centro de simetria.

Na figura, as três primeiras divisões são em duas partes iguais, e a quarta, em seis; mas podem ser empregadas para um fértil diálogo sobre a possibilidade ou não de ser considerada também como divisão em duas partes iguais; o núcleo do tema em discussão poderá ser sobre o fato de as duas partes serem compostas de três triângulos conexos apenas por um vértice comum.

PRIMEIRO GRUPO DE EXERCÍCIOS

1) Dividir o hexágono regular de lado igual a uma unidade da rede em:

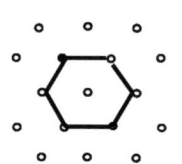

a) duas;
b) três;
c) seis partes iguais;
indicando os nomes das partes.

---

[24] Ver extensão da Fórmula de Pick para áreas em redes isométricas: BARBOSA, 1996, p. 51-57.

2) Dividir o hexágono regular de lado igual a duas unidades da rede em:

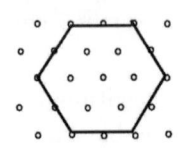

a) duas;
b) três;
c) quatro;
d) seis partes iguais.

Já que essas quatro tarefas apresentam várias soluções, elas são adequadas para uma disputa entre grupos, declarando vencedor o grupo que apresentar o maior número de soluções.

Outro aspecto que deve ser valorizado é a descoberta de estratégias; assim, aquela das divisórias que possuem o centro do hexágono como centro de simetria continuam a ser válidas, mas surgem outras possíveis, oriundas de divisão em certo número de partes para se obter a divisão em número duplo de partes, que podem fornecer partes até então não previsíveis.

SEGUNDO GRUPO DE EXERCÍCIOS

1) Dividir o hexágono regular de lado igual a TRÊS (!) unidades da rede em:

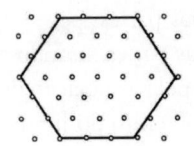

a) duas,
b) três,
c) quatro,
d) seis partes iguais

NOTA: Obter o maior número de soluções para cada questão.

ALGUMAS SOLUÇÕES DOS GRUPOS DE EXERCÍCIOS

Primeiro grupo

a) dois trapézios isósceles;
b) três losangos;
c) seis triângulos equiláteros.

Segundo Grupo

a) Duas partes iguais
a.1)

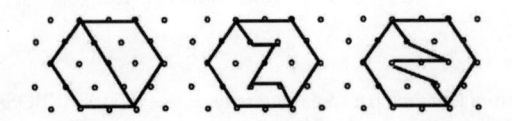

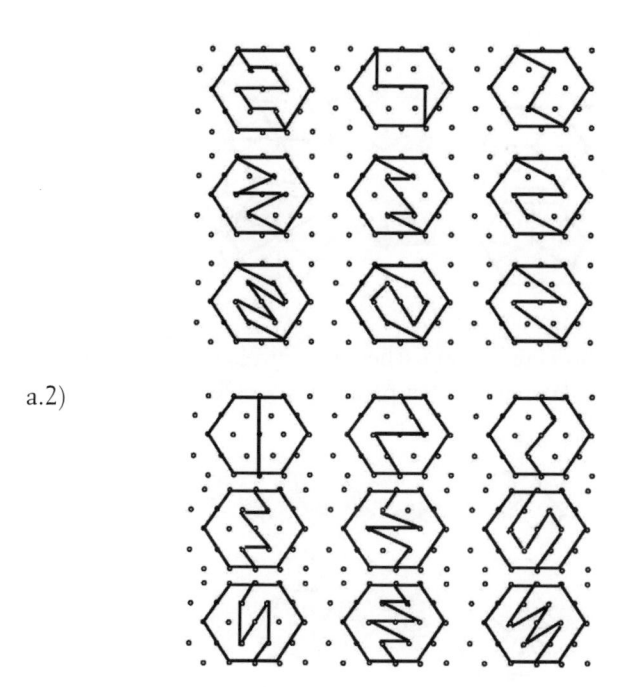

a.2)

b) três partes iguais

b.1)

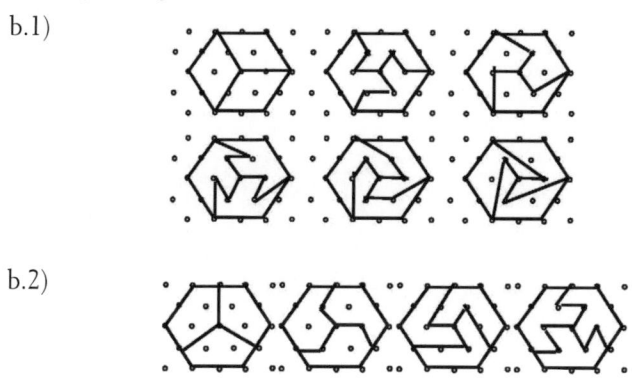

b.2)

c) quatro partes iguais

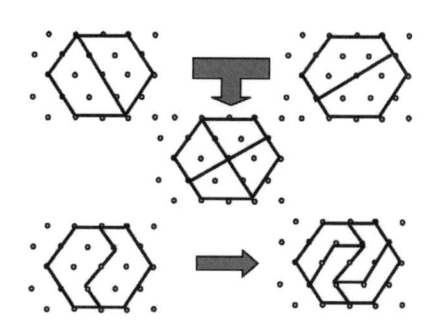

d) seis partes iguais

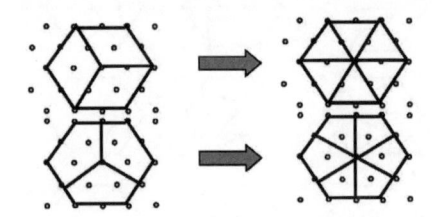

Como última ilustração, consideremos o hexágono dividido em três partes iguais e o aproveitemos, dividindo cada uma em duas partes iguais, obtendo a divisão em seis.

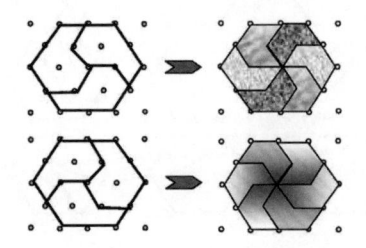

> A vergonha de reconhecer um erro leva a cometer muitos outros.
>
> Jean de la Fontaine

CAPÍTULO 13
ISOLAMENTOS

INTRODUÇÃO

Não temos informações sobre a gênese desta brincadeira, na qual se joga com a matemática, buscando colocar números prefixados em disposições com restrições de contiguidade. Sabemos apenas da existência de um artigo de 1974, de Donald T. Piele (Universidade de Wisconsin), republicado por Evan M. Maletsky, do Montclair State Collllege, e Christian R. Hirsh, da Western Michigan University, na sua coletânea de atividades educacionais pelo NCTM.

O trabalho de Piele é bastante interessante, pois oferece uma variedade de diagramas para seus *isolations*. Infelizmente, o autor não fornece qualquer estratégia, tanto é que em nota de rodapé os editores lembram que o próprio guia do professor relata necessitarem os estudantes de razoável experiência em desenvolver estratégias emergentes do procedimento usual de tentativa e erro.

A – CONCEITOS

Situação

É dada uma sucessão de números naturais e um diagrama com o mesmo número de células (círculos) conectadas por segmentos.

Problema: O objetivo é dispor os números da sucessão nas células do diagrama, desde que números consecutivos na sucessão não fiquem vizinhos (adjacentes pelas conexões) no diagrama.

Ilustração

Sucessão: 3, 4, 5 e 6

Diagrama:

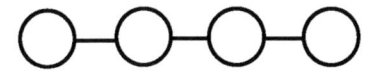

O—O—O—O

Sejam as tentativas

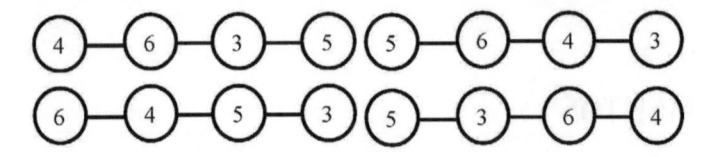

(4)—(6)—(3)—(5) (5)—(6)—(4)—(3)

(6)—(4)—(5)—(3) (5)—(3)—(6)—(4)

Comentários:

No primeiro diagrama, o par de números 4-6 é de vizinhos, e na sucessão não são consecutivos; essa disposição é permitida.

Isso também acontece para os pares de vizinhos 6-3 e 3-5, pois não são consecutivos na sucessão. Dizemos então que o diagrama é de *consecutivos isolados*, ou que o diagrama é um ISOLAMENTO.

Entretanto, isso não se verifica no segundo e no terceiro diagrama; assim, temos respectivamente os pares de vizinhos 5-6, 4-3 e 4-5, que nas sucessões são consecutivos. Essas disposições não são permitidas. Dizemos então que os diagramas são de consecutivos *próximos* ou que esses diagramas são PROXIMIDADES.

O leitor verificará que o quarto diagrama satisfaz a condição de só ter pares vizinhos que na sucessão não são consecutivos; portanto, o quarto diagrama é um *isolamento*.

Mas espere um pouco... Observando com atenção o quarto diagrama, verifica-se que os números da sucessão estão dispostos na ordem invertida daquela empregada no primeiro diagrama. Isto é, se damos um giro de meia volta num dos diagramas obtemos o outro.

Curioso! Podemos identificá-los?!

Do ponto de vista matemático, a resposta é SIM, mas sob o aspecto educacional seria mais conveniente colocar em discussão com os alunos e considerar a opção escolhida.

Decorrem do fato de os diagramas invertidos terem os mesmos números em células adjacentes as duas propriedades:

Proposição 1: A todo isolamento em diagrama retilíneo corresponde um isolamento em diagrama invertido.

Proposição 2: A toda proximidade em diagrama retilíneo corresponde uma proximidade em diagrama invertido.

ATIVIDADES INICIAIS

Atividade 1: Sucessão: 1, 2 e 3.

Diagrama retilíneo:

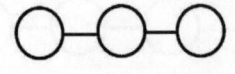

◯—◯—◯

Problema: Descobrir os isolamentos.

Comentário: O aluno descobrirá que não existe isolamento, pois qualquer disposição dos números constituirá uma proximidade.

Exploração: É adequado realizar uma investigação da completabilidade do trabalho dos alunos. Sugerimos para isso um controle do número total de proximidades encontradas, que deve ser igual ao total de ordenações do conjunto de 3 elementos $\{1, 2, 3\}$, dado por $3! = 3 \times 2 \times 1 = 6$.

Atividade 2: Sucessão: 1, 2, 3 e 4.

Diagrama retilíneo

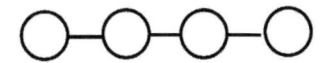

◯─◯─◯─◯

Problema: Descobrir seus isolamentos.

Resolução: O jogador poderá encontrar as soluções por tentativa; porém, é conveniente o professor conduzir o raciocínio do aluno propondo uma busca sistemática estudando posicionamentos para o 1:

Caso 1:

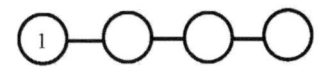

①─◯─◯─◯

O 2, consecutivo do 1, necessariamente tem apenas dois posicionamentos possíveis:

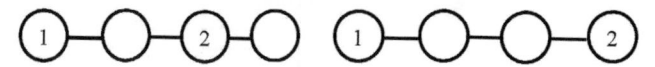

①─②─◯─◯   ①─◯─◯─②

No primeiro não há possibilidade para colocar o 3, no segundo, sim, mas o 4, consecutivo do 3 será seu vizinho. Resulta que este caso só dá proximidade.

Caso 2:

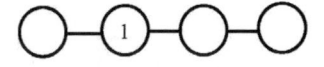

◯─①─◯─◯

O 2 neste caso só tem um posicionamento possível:

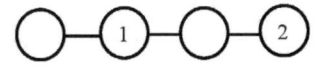

◯─①─◯─②

Resultando um isolamento; e, em consequência, o isolamento invertido.

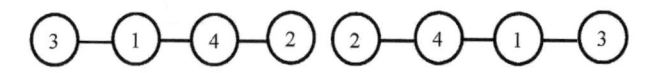

③─①─④─②   ②─④─①─③

NOTA: Observar que não é preciso estudar os casos 3 e 4 respectivamente com o 1 na terceira e quarta célula.

Comentário: Dependendo da opção dos alunos, temos uma só solução.

B – ESTRATÉGIAS

A investigação sugerida constitui uma estratégia de descoberta, contudo para diagramas retilíneos oferecemos duas outras mais convenientes: a das Árvores de Possibilidades e a dos Quadriculados de Permutações.

B.1: ÁRVORES DE POSSIBILIDADES

Procuraremos expor a estratégia de descoberta dos isolamentos trabalhando sobre a sucessão 1, 2, 3, 4 e 5.

Nesta estratégia buscam-se separadamente os isolamentos, começando com o 1, depois com o 2, e assim sucessivamente.

a) Com o 1:

Iniciamos a árvore com a primeira célula preenchida com o 1:

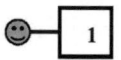

Para a segunda célula da árvore, podemos usar o 3, o 4 e o 5, já que o 2 é consecutivo do 1:

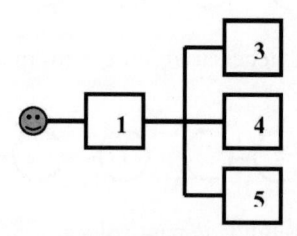

Continuando a árvore após o 3, só podemos empregar o 5; após o 4, só o 2; depois do 5 o 2 e o 3:

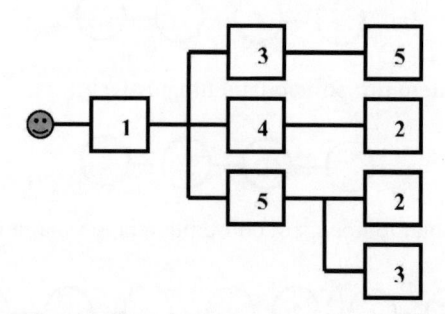

Novamente em continuação para a quarta célula teremos: no primeiro ramo, após o 5, só o 2. No segundo ramo, após o 2, só o 5. No terceiro, após o 2, só o 4. O quarto ramo, após o 3, não pode ter continuação, pois estão sobrando só o 2 e o 4, seus consecutivos.

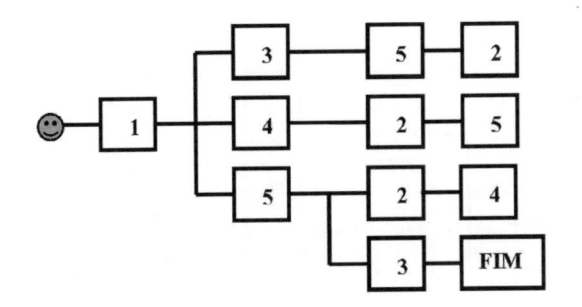

Finalmente, vejamos a quinta célula da árvore. No primeiro ramo (cadeia) podemos colocar o 4. No segundo ramo colocamos o 3. Porém, o terceiro ramo não pode ser continuado, já que está sobrando o 3 e ele é consecutivo do 4; portanto, essa cadeia deve ser finalizada.

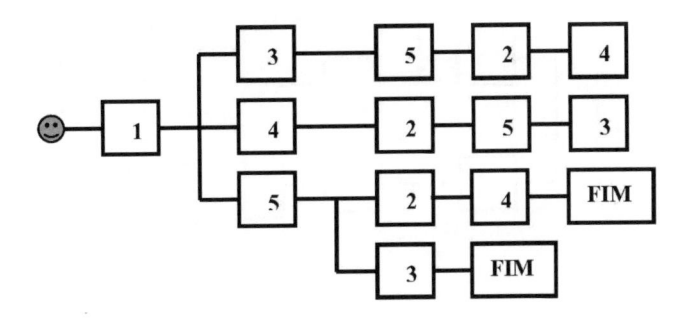

Temos, em consequência, começando com o 1, 2 isolamentos: 1-3-5-2-4 e 1-4-2-5-3.

b) Com o 2 (sugerimos ao leitor construir a árvore completa);

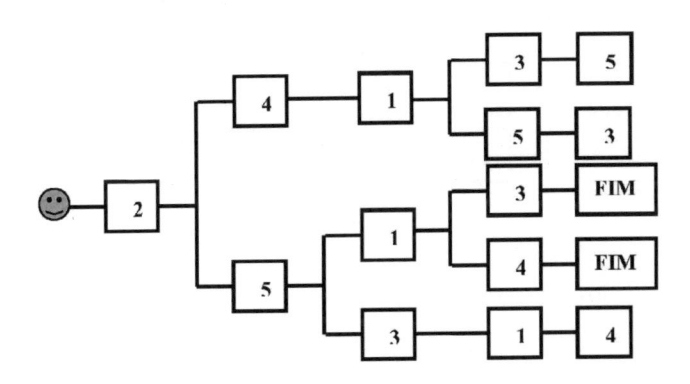

Três isolamentos: 2-4-1-3-5, 2-4-1-5-3 e 2-5-3-1-4.

c) Com o 3

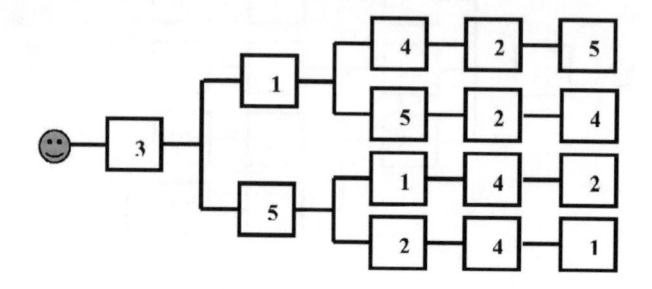

Quatro isolamentos: 3-1-4-2-5, 3-1-5-2-4, 3-5-1-4-2 e 3-5-2-4-1.

d) Com o 4

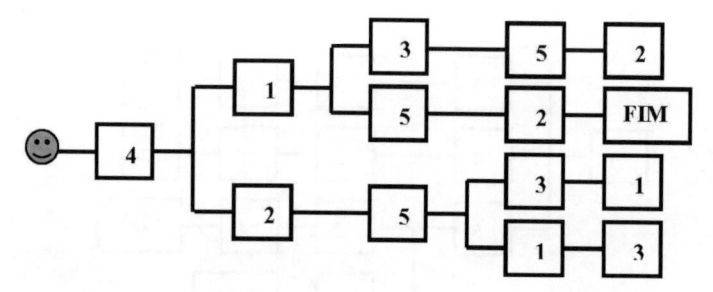

Três isolamentos: 4-1-3-5-2, 4-2-5-3-1 e 4-2-5-1-3.

e) Com o 5

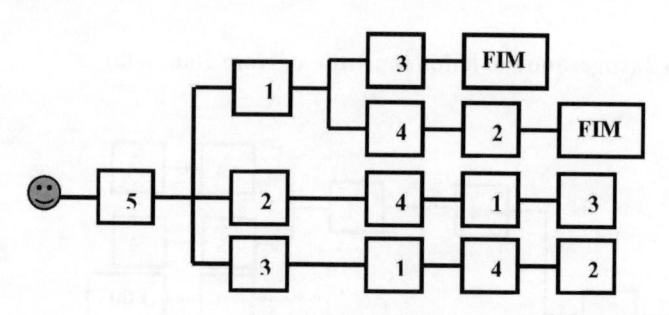

Dois isolamentos: 5-2-4-1-3 e 5-3-1-4-2.

Total de isolamentos: $2 + 3 + 4 + 3 + 2 = 14$; dos quais temos, a rigor, 7 (metade de 14) isolamentos perfeitos, em razão da propriedade dos invertidos. Existem os seguintes isolamentos: 1-3-5-2-4, 1-4-2-5-3, 2-4-1-3-5, 2-4-1-5-3, 2-5-3-1-4, 3-1-4-2-5 e 3-1-5-2-4.

B.2: QUADRICULADO DE PERMUTAÇÕES[25]

Fase Preparatória: Construir um quadriculado n x n, onde n é o número de termos da sucessão de naturais.

Fase da descoberta

Passos:

1. Escolher um número x inicial.

2. Assinalar (alocar) a quadrícula x da primeira linha.

3. Eliminar todas as quadrículas da linha e da coluna que se cruzam na quadrícula assinalada.

4. Eliminar as quadrículas inferiores vizinhas em diagonal.

5. Mudar para a linha seguinte assinalando (alocando) qualquer quadrícula que esteja vazia ainda não utilizada (mas anotar em separado se existe outra opção não empregada).

6. Voltar ao passo 3 até que não seja possível ocupar quadrícula.

7. Verificar se todas as linhas possuem quadrícula assinalada; se afirmativo tem-se um isolamento, que é dado pelas ordens em coluna das assinalações (alocações).

NOTA: No caso de existir, em função do passo 5, outra opção anotada, ainda não empregada, repetir os passos até essa linha e assinalar a nova quadrícula correspondente, repetindo os passos seguintes.

Ilustração

Sucessão: 1, 2, 3, 4 e 5

Diagrama retilíneo de cinco células.

Passo 1: Seja x = 2

Passos 2 e 3

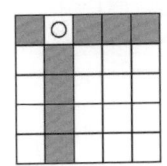

Passo 4   Passo 5 e 6 (volta ao 3)

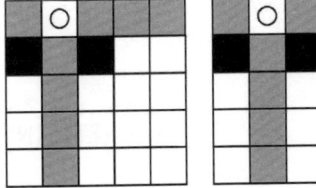

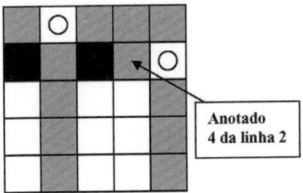

Anotado 4 da linha 2

---

[25] Tivemos a satisfação de descobrir as duas estratégias em 2005.

Passo 4   Passo 5 e 6 (volta ao 3), passo 4 (nada)

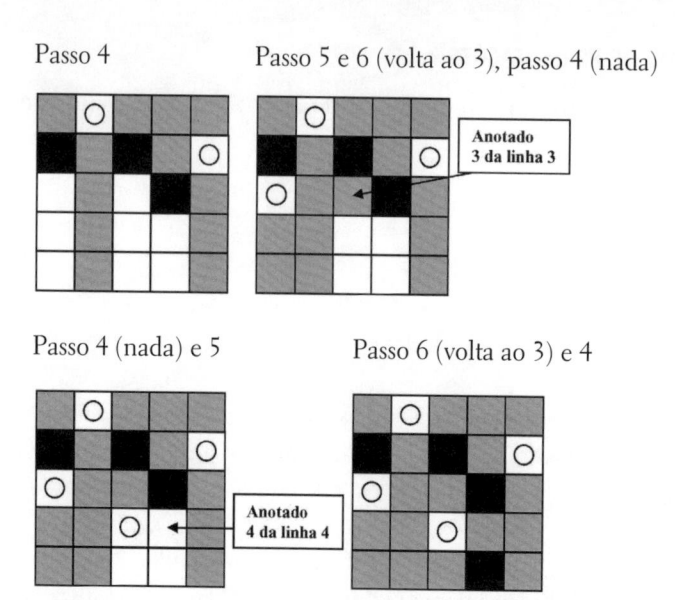

Anotado 3 da linha 3

Passo 4 (nada) e 5   Passo 6 (volta ao 3) e 4

Anotado 4 da linha 4

Conclusão parcial: Já que não é possível assinalar quadrícula em continuação, não obtivemos isolamento com essas escolhas. Paramos em 2-5-1-3, faltando o quinto elemento.

Fazendo as alocações empregando as anotadas, obtemos:

Isolamento 2-4-1-3-5   Isolamento 2-5-3-1-4   Isolamento 2-4-1-5-3

NOTA: Analogamente, podemos obter os isolamentos que começam com o 1 assinalando no quadriculado inicialmente a quadrícula 1 da primeira linha, que são 1-3-5-2-4 e 1-4-2-5-3.

Também são encontrados aqueles começando com o 3, que são 3-1-5-2-4, 3-1-4-2-5, 3-5-2-4-1 e 3-5-1-4-2; porém, os dois últimos (terminados em 1 e 2) não podem ser computados, pois já foram considerados os seus invertidos respectivamente.

C – DESCOBRINDO ISOLAMENTOS EM DIAGRAMAS NÃO RETILÍNEOS

C.1: POLÍGONOS REGULARES

A estratégia que apresentamos nos parece óbvia; basta encontrarmos primeiramente isolamentos retilíneos para a mesma sucessão. Observamos os elementos de cada isolamento da primeira e da última célula. Caso não sejam consecutivos é suficiente "unir" as extremidades e dispor nos vértices do polígono regular.

Ilustração

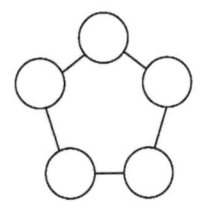

Sucessão: 1, 2, 3, 4 e 5
Diagrama: Pentágono regular

Resolução: Consideremos os sete isolamentos encontrados para diagrama retilíneo.

ISOLAMENTOS RETILÍNEOS	SATISFAZ?
1-3-5-2-4	SIM
1-4-2-5-3	SIM
2-4-1-3-5	SIM
2-4-1-5-3	NÃO
2-5-3-1-4	SIM
3-1-4-2-5	SIM
3-1-5-2-4	NÃO

Soluções:

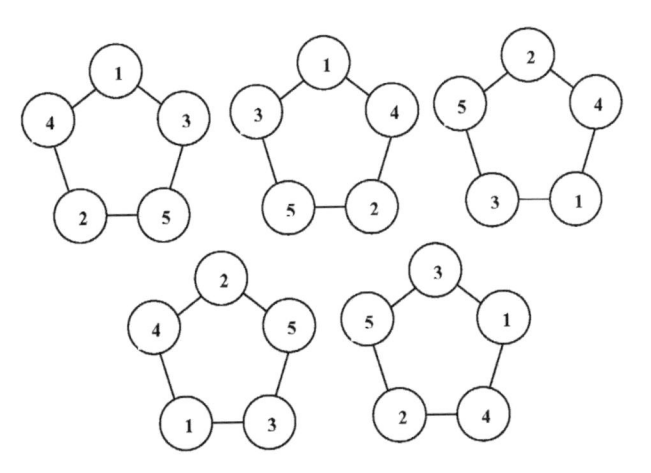

Observação: É importante dialogar com os alunos que disposições obtidas das anteriores por rotações de 72°, 2x72°, 3x72° e 4x72°, como as obtidas por reflexão em relação a eixo mediatriz de lado, são consideradas equivalentes. Cada uma será representante de uma classe de equivalência.

C.2: VÁRIOS DIAGRAMAS

Nos diagramas seguintes procuraremos mostrar como obter isolamentos usando raciocínios específicos.

C.2.1: Diagrama: CRUZ
Ilustração

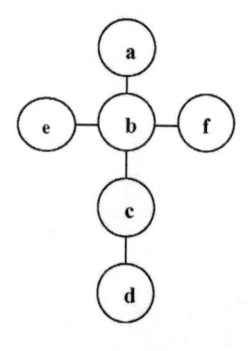

Sucessão: 1, 2, 3, 4, 5, e 6.

Para facilitar as explicações, nomeamos as células da cruz com a, b, c, d, e, f.

Seja em b o número 1; então, necessariamente, o 2 será colocado em d. Em consequência, o 3 não pode ser alocado em c, mas terá as opções a, e, f. Os números restantes, 4, 5 e 6, podem ficar nas três células restantes de maneira arbitrária.

Soluções:

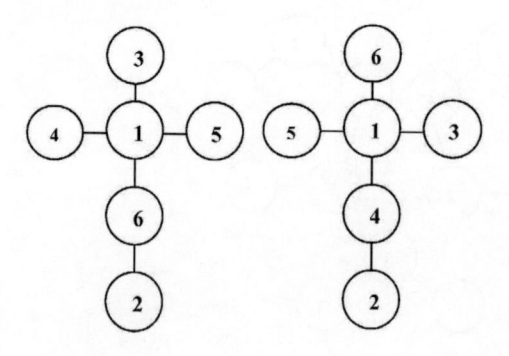

Seja agora em b o número 2; então o 1 precisa ser colocado em d; mas o 3 não poderá ser colocado, já que será, em qualquer célula, vizinho do 2, que é seu consecutivo.

C.2.2: Diagrama PIPA
Ilustração

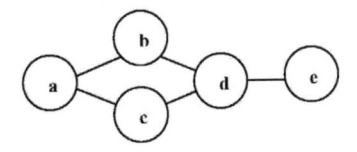

Sucessão: 1, 2, 3, 4 e 5.

Seja o 1 alocado na célula a; então o 2 tem só duas opções: d ou e. Contudo, alocando-o na célula d, o 3 não poderá ser colocado. Resulta que o 2 deve ficar na célula e. Isso acarreta que o 3 e o 4 devem ser colocados em b e em c. Mas agora o 5 não pode ser alocado, pois teremos proximidade.

Seja então o 1 na célula d; necessariamente, o 2 deve ficar em a. Sobram os números 3, 4 e 5; mas o 3 só pode ocupar a célula e.

Solução:

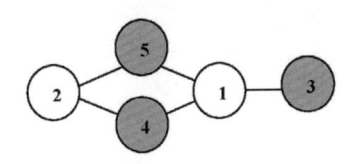

C.2.3: Diagrama GRAVATA BORBOLETA
Ilustração

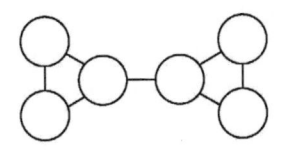

Sucessão: 1, 2, 3, 4, 5 e 6.

No caso de o 1 e o 3 serem alocados nas células do segmento de conexão dos triângulos, não haverá possibilidade de alocação do 2.

Sejam então 1 e 4 colocados nessas células. É claro que se o 1 está num dos triângulos da gravata, o 2 estará no outro. Da mesma forma, o 3 está em triângulo oposto ao do 4. Segue necessariamente os posicionamentos do 5 e do 6. Em resumo, as "asas da borboleta" serão constituídas de números de paridade oposta (numa asa teremos ímpares e em outra estarão os pares).

No caso de alocamos o 1 e o 6 nas células do segmento de conexão, verifica-se fato idêntico.

Na situação do 1 e do 5 estarem alocados no segmento de conexão, o 1 obriga que o 2 seja colocado em célula do mesmo triângulo do 5. É plausível que, contrariada a separação em triângulos de paridades opostas, tenhamos proximidade. De fato, o 3 deverá estar no triângulo do 1, decorrendo que o 4 precisa ser alocado no triângulo do 5, seu consecutivo, mas isso conduz a proximidade.

Soluções:

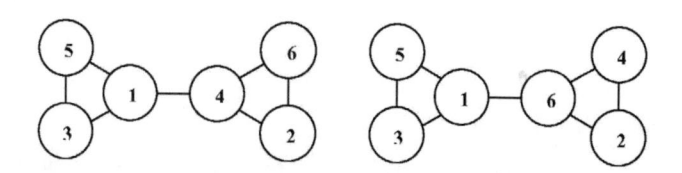

C.2.3: Diagrama LOSANGULAR COM DOIS SEGMENTOS OPOSTOS CONECTADOS

Ilustração

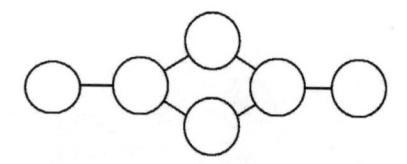

Sucessão: 1, 2, 3, 4, 5 e 6.

Sejam 1 e 2 alocados nas células do losango comuns aos segmentos. A posição do 2 obriga que o 3 seja posicionado no extremo oposto do segmento do 1. Resulta agora que os números 4, 5 e 6 podem ser colocados arbitrariamente nas três células restantes. Obtemos isolamento.

Caso substituíssemos 1 e 2 por 1 e 3, seria necessário colocarmos o 2 na célula extremo do segmento do 3; mas então seria vizinho do 3, seu consecutivo.

No caso de usarmos 1 e 4, o 4 obrigaria colocarmos o 3 e o 5 na célula extremo do segmento do 1, o que é absurdo.

Analogamente, empregando 1 e 5, o 4 e o 6 deveriam ocupar a mesma célula, o que é impossível.

Teremos fato parecido se utilizarmos 1 e 6.

Solução com o 1 na parte central:

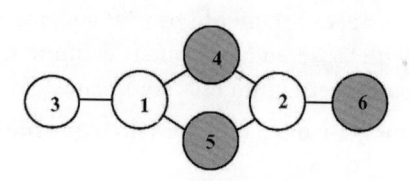

NOTA: Existem outros isolamentos com outros pares de números na parte central.

C.2.3: Diagrama DOIS QUADRADOS COM LADO EM COMUM

Ilustração

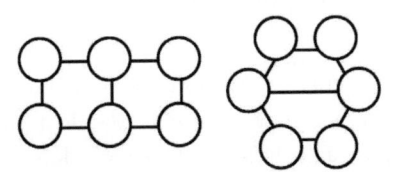

Sucessão: 1, 2, 3, 4, 5 e 6

Podemos considerar as seis células em vértices de um hexágono regular e o lado comum como uma diagonal maior, já que essas figuras são "topologicamente" iguais. Resulta a possibilidade de usar o procedimento de busca de isolamento em polígono regular, claro, acrescido de algum detalhe.

Seja o isolamento 1-4-2-5-3-6, de diagrama retilíneo com seis células e com extremidades dadas por números não consecutivos. Podemos "unir" as pontas e estende-lo nas células do hexágono regular.

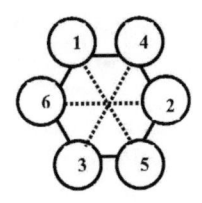

Observa-se que as diagonais maiores contêm os pares 1-5, 4-3 e 2-6. O segundo par é composto de números consecutivos, portanto, não serve, já que serão vizinhos no diagrama proposto. Os outros dois pares fornecerão isolamentos.

Soluções:

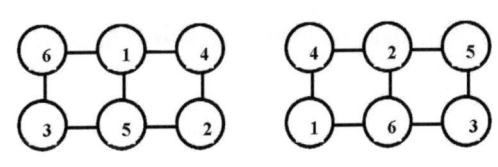

Nota: Existem outros isolamentos para este diagrama obtidos dos demais isolamentos retilíneos de seis números.

C.2.3: Diagrama QUADRICULADO 2X2

Ilustração

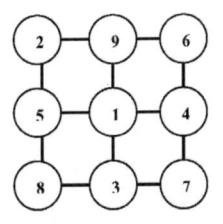

Sucessão: 1, 2, 3, 4, 5, 6, 7, 8 e 9.

Este é talvez o mais fácil diagrama para busca dos isolamentos. Escolhemos arbitrariamente um dos números e o alocamos na célula central.

a) Seja o 1.

Colocamos o 2, seu único consecutivo posterior, num dos cantos, para que não seja vizinho do 1. A partir do 2 vamos, sucessivamente, dando a volta, alocando números em célula vizinha desde que não coloquemos vizinhos dois consecutivos.

Nota: Quando o número central não é o 1 nem o 9 ele possui dois consecutivos (anterior e posterior); basta colocá-los em dois cantos, e o procedimento será o mesmo. É claro que algumas vezes haverá a necessidade de se refazer alocações.

D – ATIVIDADES PRÁTICAS E TEÓRICAS

Atividade 1:

Sucessão: 1, 2, 3, 4, 5 e 6.

Diagrama: Retilíneo.

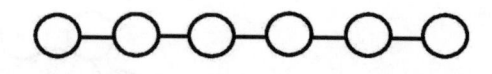

Problema: Descobrir alguns isolamentos usando Árvore de Possibilidades de origem o número 3, ou Quadriculado de Permutações começando com o número 4.

Atividade 2

Sucessão: 1, 2, 3, 4, 5 e 6.

Diagrama: Octógono regular.

Problema: Descobrir alguns isolamentos utilizando isolamentos retilíneos.

Atividade 3

Sucessão: 1, 2, 3, 4, 5 e 6.

Diagrama: Cruz.

Problema: Descobrir se existem ou não isolamentos nos casos de o 3, o 4, o 5 ou o 6 serem alocados no cruzamento. Pede-se para mostrá-los se existirem. Em caso contrário, explicar o motivo.

Atividade 4

Sucessão 1, 2, 3 e 4.

a) Diagrama: Quadrado.

b) Diagrama: Triangular.

Problema: Por que ambos não possuem isolamento?

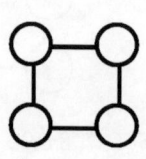

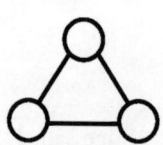

Atividade 5

Sucessão: 1, 2, 3, 4 e 5.

Diagrama: Pipa.

Problema: Descobrir isolamentos com o número 2, o 3 ou o 4 alocados na célula da cauda.

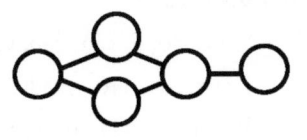

Atividade 6

Sucessão: 1, 2, 3, 4, 5 e 6.

Diagrama: Gravata borboleta.

Problema: Descobrir se existem isolamentos quando os pares de números seguintes estão alocados nas células centrais:

a) 2 e 4; b) 2 e 5; c) 3 e 5; d) 3 e 6.

Se não existirem, explicar o motivo.

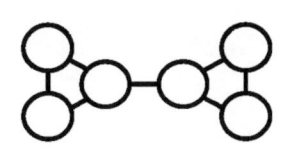

Atividade 7

Sucessão: 1, 2, 3, 4, 5 e 6.

Diagrama:

Problema: Descobrir se existem isolamentos quando os pares de números seguintes estão alocados nas células que possuem três conexões:

a) 2 e 3; b) 2 e 4; c) 2 e 5; d) 4 e 5.

Se não existirem, explicar a razão.

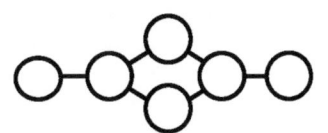

Atividade 8

Sucessão: 1, 2, 3, 4, 5 e 6.

Diagrama: Dois quadrados.

Problema: Descobrir isolamentos usando o isolamento retilíneo 4-2-5-3-1-6 ou 5-2-4-6-3-1 e explicar o motivo de seu procedimento.

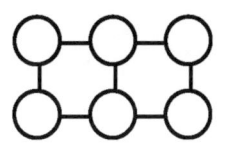

Atividade 9

Sucessão: 1, 2, 3, 4, 5, 6, 7, 8 e 9.

Diagrama: Quadriculado 2 X 2.

Problema: Descobrir oito isolamentos; cada um com a célula central alocada por números diferentes.

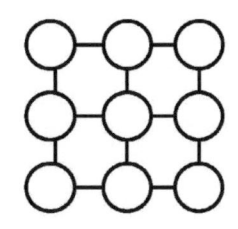

Atividade 10

Sucessão: 1, 2, 3, 4, 5, 6, 7, e 8.
Diagrama: Três quadrados.
Problema: Descobrir pelo menos dois isolamentos.

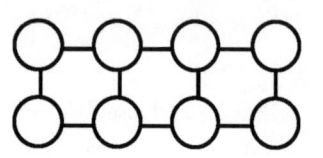

> Aquele que tentou e nada conseguiu é superior àquele que não tentou.
> WILKINSON.

> Uma grave falha que um estudante pode cometer é não tentar resolver com medo de errar.
> MADSEN

REFERÊNCIAS

Capítulo 1

LINDQUIST, M. M.; SHULTE, A. D. *Aprendendo e ensinando geometria*. Tradução de Hygino H. Domingues. São Paulo: Atual, 1994.

SERRA, M. *Discovering geometry – an inductive approach*. Key Curriculum Press, 1997.

Capítulo 2

BARBOSA, R. M. *Policubos e jogos de balanças*. Catanduva: IMES, 2005. (Coleção Jogos e Materiais Pedagógicos, fasc. 3).

BARBOSA, R. M. *Fundamentos de Matemática Elementar*. São Paulo: Nobel, 1974.

CARRAHER, D. W. *Senso crítico*. São Paulo: Pioneira, 2003.

CASTRUCCI, B. *Introdução à Lógica Elementar*. São Paulo: GEEM, 1973.

DRUCK, I. F. A linguagem lógica. *Revista do Professor de Matemática*, São Paulo, v. 17, p. 10-18, 1990.

MACHADO, N. J.; CUNHA, M. O. *Lógica e linguagem cotidiana – verdade, coerência, comunicação e argumentação*. Belo Horizonte: Autêntica, 2005. (Coleção Tendências em Educação Matemática).

Capítulo 3

BARBOSA, R. M. *Grupos e Combinatória*. Monografia. S. J Rio Preto: UNESP, 1979. 160p. (Mimeogada.)

Capítulo 6

PERELMAN, Y. *Algebra recreativa*. (1. ed. 1965). Moscou: Editorial MIR, 1969.

SOUZA, Julio César de Mello e (Malba Tahan). Diabruras da Matemática. Rio de Janeiro: Ed. Getulio Costa, 1944.

Capítulo 7

KORDEMSKY, B. A. *The Moscow Puzzles*, 1907(?). Tradução. New York: Dover, 1992.

Capítulo 11

BARBOSA, R. M. *Descobrindo padrões em mosaicos* (Cap.7). São Paulo: Atual, 1993.

BARBOSA, R. M. *Kit Pedagógico de Semelhança e Replicação.* São Paulo: NISSEI Brinquedos Educativos, 2001.

BARBOSA, R. M. Poliamondes: uma extensão plana dos Poliminós – Terceira Parte- Novas Atividades Educacionais. Seminário de Ensino de Ciências e Matemática. *Anais...* Campinas: UNISAL, 2006, p. 30-38.

BARBOSA, R. M. *Policubos.* Coleções Didático-Pedagógicas, Materiais Pedagógicos e Jogos, Fasc. 3, Catanduva: IMES, 2005b, p. 03-04.

BARBOSA, R. M. *Poliminós.* Coleções Didático-Pedagógicas, Materiais Pedagógicos e Jogos, Fasc. 1, Catanduva: IMES, 2005.

BARBOSA, R. M. Replicação com polígonos: um notável recurso para a Educação Matemática. *Boletim.* Matemática, FURB, n. 3, 1994, p. 6-14.

BARBOSA, R. M. Semelhança: Atividades de Replicação (uma proposta metodológica). A *Educação Matemática em Revista,* SBEM, n. 4, 1995, p. 21- 30.

BARBOSA, R. M. *Semelhança e Replicação:* usando o pentaminó P. Catanduva: SBEM-SP/VI EPEM, 2001.

BARBOSA, R. M.; SILVA, E. A.; DOMINGUES, H. H. *Atividades Educacionais com Tetraminós* (Projeto Tetraminó). S. J. Rio Preto: UNIRP, 1995.

BERLOQUIN, P. *100 jeux gémètriques.* Lisboa: Gradiva, 1991.

GARDNER, M. *The Scientific American Book of Mathematical Puzzle and Diversions.* New York: Simon and Schuster, 1989.

GOLOMB, S. Polyominoes. New York: Scribner, 1965.

GOLOMB, S. Replicating Figures in the plane. Mathematical Gazette, v. XXIV, n. 48, 1964, p. 407-412.

KLARNER, D. Covering a rectangle with L-Tetraminoes. *Amer. Math. Monthly,* n. 70, 1965, p. 760-761.

KORDEMSKY, B. A. *The Moscow Puzzles.* Dover, 1992.

LANGFORD, G. D. Uses of geometric puzzle. *Mathematical Gazette,* v. XXIV, 1940, p. 209-211.

MARTIN, G. E. *Polyominoes: a guide to puzzle and problems in tiling.* The Math. Assoociation of America, 1991.

MELLO e SOUZA, J. C. *Diabruras da Matemática.* Rio de Janeiro: Ed. G. Costa, 1944.

MOSER, S. *Mit Zahlen Spielen*. Trad. Tecnoprint. Rio de Janeiro: Ed. Ouro, 1982.

VERNEC, T. *Denkspielerrein*. Trad. Tecnoprint. Rio de Janeiro: Ed. Ouro, 1982.

WALKUP, D. W. Covering a rectangle with T-tetraminoes. *Amer. Math Monthly*, n. 72, 1965, p. 986-988.

Capítulo 12

BARBOSA, R. M. Inferência plausível e credibilidade: descoberta de padrões para a Fórmula de Pick. *Rev. de Educ. Matemática*, n. 3, 1996, p. 51-57.

GGEP. Papel de pontos: Quais e quantos I: segmentos e triângulos em rede 3 x 3. *Revista Hispeci & Lema*, FAFIBE, n. 9, 2006, p. 127-129.

GGEP. MENINO, F. S. B.; MARQUES, M. C.; BARBOSA, R. M. Sugestões de Atividades Educacionais usando o Geoplano, entre muitas possíveis. *Revista de Educ. Matemática*, n. 6-7, 2001/2002, p. 63-68.

HIRSTEIN, J. J.; RACLIN, S. L. The Pythagorean Theorem on an isometric geoboard. *Math. Teacher*, n. 73-2, 1980, p. 141-144.

IRVIN, B. B. *Circular Geoboard – Activity Book*. Lincolshire: Learning Resources Inc., 1995.

KNIJNIK, G.; BASSO, M. V.; KLUSENER, R. *Aprendendo e ensinando matemática com geoplano*. Ijuí: UNIJUÍ, 1996.

SERRAZIMA, L; MATOS, J. M. *O geoplano na sala de aula*. 2. ed. Lisboa: APM, 1988.

SMITH, L. R. Areas and perimeters of geoboard polygons, *Math. Teacher*, n. 83-5, 1990, p. 392-398.

SMITH, L. R. Perimeters of polygons on the geoboard. *Math. Teacher*, n. 73-2, 1980, p. 27-130.

Capítulo 13

PIELE, D. T. Isolations. In: MALEWTSKY, E. M.; HIRSCH, C. R. *Activities from the Mathematics Teacher*. NCTM: Fifth Printing, 1981. p. 123-126.

BARBOSA, R. M. *Jogo do Isolamento. Materiais Pedagógicos e Jogos*. Catanduva: IMES, Fasc. 2, 2005, p. 1-9.

Qualquer livro do nosso catálogo não encontrado nas livrarias pode ser pedido por carta, fax, telefone ou pela Internet.

✉ Rua Aimorés, 981, 8º andar – Funcionários
Belo Horizonte-MG – CEP 30140-071

📱 Tel: (31) 3222 6819
Fax: (31) 3224 6087
Televendas (gratuito): 0800 2831322

@ vendas@autenticaeditora.com.br
www.autenticaeditora.com.br

Este livro foi composto com tipografia Electra e impresso em papel Off Set 75 g na Formato Artes Gráficas.